淮河流域多尺度极端气象事件
时空特征及遥相关研究

孙　鹏　王　月　姚　蕊　郑泳杰　著

科学出版社

北　京

内 容 简 介

淮河流域地处我国南北气候过渡带,是气候变化的"敏感区",具有"有降水涝、无降水旱、强降水洪"的旱涝特征。本书运用多种统计方法全面系统地分析了淮河流域降水事件的时空分布特征,探讨了流域多尺度降水的时空演变以及极端降水的时空变异与气候因子的遥相关关系,阐述了不同 ENSO 事件对流域降水过程时空演变特征的影响及其成因,探明了气候因子对淮河流域季节降水的联合影响,预测了淮河流域发生极端降水的风险。

本书既可供地理学、气象水文学、大气科学、资源与环境科学等学科研究人员、专业技术人员、教学人员以及研究生等参考使用,又可供淮河流域水文、农业、民政等相关管理部门参考使用。

审图号:GS(2022)2158 号

图书在版编目(CIP)数据

淮河流域多尺度极端气象事件时空特征及遥相关研究/孙鹏等著. —北京:科学出版社,2023.7
ISBN 978-7-03-075040-2

Ⅰ.①淮… Ⅱ.①孙… Ⅲ.①淮河流域–水文气象学–气象灾害–研究 Ⅳ.①P468.2

中国国家版本馆 CIP 数据核字(2023)第 039883 号

责任编辑:周 丹 沈 旭/责任校对:郝璐璐
责任印制:张 伟/封面设计:许 瑞

科 学 出 版 社 出版
北京东黄城根北街 16 号
邮政编码:100717
http://www.sciencep.com

北京捷迅佳彩印刷有限公司 印刷
科学出版社发行 各地新华书店经销
*
2023 年 7 月第 一 版 开本:720×1000 1/16
2023 年 7 月第一次印刷 印张:9 1/4
字数:187 000
定价:129.00 元
(如有印装质量问题,我社负责调换)

前　　言

　　厄尔尼诺-南方涛动(ENSO)事件作为能够指示全球气候异常变化的信号之一，它的变化对区域的气温、降水等均有重要影响。但由于纬度位置、地形地貌等因素的不同，ENSO 事件对不同区域气候的影响方式、强度等都不相同。早在 20 世纪 30 年代，我国就开展了关于 ENSO 事件对中国气候影响方面的研究。20 世纪 80 年代后，大量研究围绕 ENSO 事件与中国夏季旱涝、台风和东北地区低温的关系等方面展开。20 世纪 90 年代后，关于 ENSO 对我国气候影响方面的研究更加深入，不仅探讨了 ENSO 对区域、流域气候变化的影响，而且探索了洪旱灾害、径流变化、土地覆被等对 ENSO 的响应规律。

　　我国十大流域之一的淮河流域，地处我国东部，面积约 27 万 km^2，地跨河南、湖北、安徽、山东、江苏 5 省。它不仅在地理位置上处于我国南北气候的过渡地带，更是我国洪旱灾害多发地区之一，几乎每年都面临洪旱灾害的威胁。淮河流域的自然条件优越，适宜农作物生长，是我国重要的商品粮、棉、油基地之一，其在我国农业生产中已占有举足轻重的地位，在保障粮食安全和促进经济、社会、生态和谐发展方面均具有重要的作用。

　　面对气候变化，淮河流域的旱涝灾害有加剧的趋势，因灾损失逐年增多。有研究表明，这种影响淮河流域生产和生活的气候变化与 ENSO 以及各大尺度气候因子遥相关有关。因此，本书探讨不同 ENSO 事件对淮河流域多尺度降水的影响，以及淮河流域多尺度降水时空分布变化特征及其对不同 ENSO 事件的响应规律；考虑不同 ENSO 事件的背景下，耦合北大西洋涛动(NAO)、太平洋十年际振荡(PDO)、印度洋偶极子(IOD)等不同气候因子的综合影响对流域季节降水的变化规律。该研究对提升淮河流域旱涝异常发生规律的认识，对管理流域水资源、合理规划农业生产及科学防洪抗旱减灾等具有重要的理论与现实意义。

　　本书的整体框架包含 5 个相互联系的章节内容。第 1 章，提出问题，明确研究背景及意义，通过梳理文献掌握国内外最新研究动态，确定研究的主要内容与研究框架。第 2 章，介绍淮河流域的区域概况，包括自然地理概况和社会经济概况。第 3 章，通过数据分析，分析淮河流域降水和极端降水的时空分布特征。第 4 章，探讨不同 ENSO 事件对淮河流域降水过程的影响，既对比传统型和新型 ENSO 事件对淮河流域季节降水的影响，又分析太平洋东部暖事件、太平洋中部暖事件、太平洋东部冷事件对季节降水的影响，同时探索海温变化与 ENSO 对淮河流域降水影响的关系。第 5 章，综合多种气候因子，讨论多气候因子联合对流域季节降水和极端降水的影响。

　　本书的撰写和出版得到了国家自然科学基金项目(项目编号：42271037)、安徽省自然科学基金优秀青年科学基金项目(项目编号：2108085Y13)、安徽省重点研究与开发计划项目(项目编号：2022m07020011；2021003)、安徽省高校协同创新项目(项目编号：GXXT-2021-048)、高分辨率对地观测系统重大专项(项目编号：76-Y50G14-0038-22/23)、安徽省科技重大专项(项目编号：202003a06020002)、安徽省高校杰出青年科研项目(项目编号：2022AH020069)、安徽高等学校自然科学研究重点项目(项目编号：KJ2021A1063)和安徽省第五批"特支计划"的资助。

　　虽然笔者们对流域多尺度极端降水与气候因子的关系方面进行了深入的分析，但由于自身水平和条件的限制以及淮河流域在地理上的特殊性，疏漏或片面性在所难免，敬请各位专家和读者批评指正。

目　　录

扫码查看本书彩图

第1章 绪 论

1.1 问 题 提 出

70%的地球表面被海水覆盖，海洋通过接收太阳辐射的能量，从而调节地球的热量与温度[1-3]。海洋热量的变化引起大气环流的异常，进而引起全球气温、降水等气候要素的变化，对区域气候变化产生影响[1,4]。气候是影响陆地生态系统的一个重要驱动因子[5]，气候变化不仅影响整个生态系统的稳定性，对社会、经济的和谐发展也有很重要的影响。

厄尔尼诺-南方涛动(El Niño and southern oscillation，ENSO)是指示气候年际变化或更长尺度变化的主要信号[6]。ENSO 事件不仅直接造成热带太平洋地区的天气气候异常，还会以遥相关的方式间接地影响全球的气候变化，成为近年来全球气候变化研究的热点问题之一[7-9]。厄尔尼诺(El Niño)是指在南美洲秘鲁—厄瓜多尔沿岸秘鲁洋流异常增暖的现象。相反地，若秘鲁洋流出现异常低温现象，则称为拉尼娜(La Niña)。厄尔尼诺、拉尼娜是 ENSO 事件的暖、冷两种位相，合在一起统称为厄尔尼诺。南方涛动(southern oscillation，SO)是指横跨东西南太平洋的海平面气压场呈相反变化的现象，即当东南太平洋的高压减弱时，印度洋低压槽(从印度尼西亚到北澳大利亚)也相应地减弱，呈现"跷跷板"式的变化[10]。Bjerknes[11,12]发现厄尔尼诺和南方涛动有密切的联系，厄尔尼诺现象发生时海平面气压也会发生改变，于是将厄尔尼诺和南方涛动并称为厄尔尼诺-南方涛动。

ENSO 在全球气候和大气环流中起到重要的作用[13]。大气环流的异常直接导致异常天气气候现象的发生[14]。ENSO 通过影响大气环流，不仅能够加剧极端水文气象灾害事件的发生，而且由 ENSO 循环引起的干旱、洪水、极端的高低温等自然灾害会带来巨大的社会经济损失[15-26]。例如，1997～1998 年强厄尔尼诺造成全球多个区域出现暴雨、洪水、干旱等灾害，至少 20000 人死亡，经济损失达 340多亿美元[26]。正是由于 ENSO 对区域气候以及大气环流具有重要影响，有关 ENSO的区域响应问题已经成为全球气候变化研究的热点之一，尤其是 ENSO 对亚洲东部、非洲、美洲等区域降水和气温的影响近年来引起了广泛的关注[27-29]。

国内外学者尝试从 ENSO 这一指示气候年际变化或更长尺度变化的主要信号中探寻气候年际变化的规律，以期指导农业生产、合理防灾避灾、科学规划利用水资源。随着全球气候变化研究的深入，人们发现 ENSO 循环呈现多样性。

近期有研究表明,存在一种表征赤道太平洋中部海表温度异常增温的厄尔尼诺事件[30-33],我们称其为新型厄尔尼诺(El Niño Modoki)事件。这种新型厄尔尼诺事件对全球气候的影响与传统厄尔尼诺事件不同[34-39],它对很多地区的降水都有显著影响,如日本、新西兰、美国西海岸等,且与传统 ENSO 事件的影响相反。新型厄尔尼诺事件使 ENSO 对区域气候变化的影响更加复杂。

除了 ENSO 事件之外,还有很多影响区域降水的大尺度气候因子。例如,北大西洋涛动(north Atlantic oscillation,NAO)对青藏高原北部降水有显著影响[40];ENSO 和太平洋十年际振荡(Pacific decadal oscillation,PDO)对中国降水产生联合影响,在 El Niño/PDO 的暖位相下我国大部分地区的降水减少,反之亦然[41]。ENSO、NAO、印度洋偶极子(Indian Ocean dipole,IOD)、PDO 和大西洋多年代际振荡(Atlantic multidecadal oscillation,AMO)等大尺度气候因子通过影响东亚季风[42-44],进而影响中国区域降水特征[8,39-41]。

不同的 ENSO 事件对区域降水时空变异的影响有何不同?不同的 ENSO 事件对流域的季节降水有何具体影响?在不同 ENSO 事件的背景下,叠加 NAO、PDO、IOD 等不同气候因子,其对流域降水的综合影响有何不同?

我国大部分区域处在季风区,气候变化受东亚季风、南亚季风影响显著。已有研究发现,ENSO、PDO、IOD 等大尺度气候因子通过影响东亚季风,进而对我国气候变化产生影响。

ENSO 事件是能够反映全球气候变化异常的重要指示信号之一。ENSO 事件的变化异常对全球区域尺度的降水、气温等气候均有重要影响,但由于区域地形地貌、气候背景等因素的不同,ENSO 事件对区域的影响强度和方式等不尽相同[45]。早在 20 世纪 30 年代,我国就开展了 ENSO 事件对中国气候的影响方面的研究。例如,涂长望[46]分析了南方涛动指数等与我国降水、气温及气压的关系及其可能的联系机制,并尝试通过建立这种遥相关关系来预测我国夏季旱涝灾害。20 世纪 80 年代以来,国内学者围绕中国夏季台风、旱涝和东北地区低温与 ENSO 事件的遥相关关系开展了大量研究[47,48]。20 世纪 90 年代以来,学者们更加深入地揭示了 ENSO 对我国流域气候、洪旱灾害、河川径流变化及土地覆被等的影响。

淮河流域是我国十大流域之一,流域涉及河南、湖北、安徽、山东、江苏 5 省,流域面积约 27 万 km^2。它地处我国东部的南北气候过渡带,具有"有降水涝、无降水旱、强降水洪"的特点。淮河流域是我国重要的商品粮、棉、油基地之一,其在我国农业生产中已占有举足轻重的地位,在保障国家粮食安全和促进经济、社会、生态和谐发展方面均具有重要的作用。

在气候变化和人类活动的影响下,淮河流域因灾损失逐年增多,其旱涝灾害风险有增加的趋势[49]。相关的研究成果表明,淮河流域旱涝灾害的变化与 ENSO 事件有遥相关关系。基于此,本书研究不同 ENSO 事件对淮河流域不同时间尺度的降水的影响，揭示淮河流域不同尺度降水时空分布演变特征及其与 ENSO 事件的遥相关关系；基于不同的 ENSO 事件，耦合 PDO、IOD、NAO 等气候因子综合分析对流域季节降水与极端降水时空演变的影响。本书对提升淮河流域极端气象发生规律的认识，对管理流域水资源、合理规划农业生产及科学防洪抗旱减灾等具有重要的理论与现实意义。

1.2　研究动态与趋势

1.2.1　ENSO 对区域降水的影响研究动态

1. ENSO 指数的多样性方面的研究动态与趋势

为了研究 ENSO 对区域气候的影响，学者们提出了许多不同的指数作为划分 ENSO 事件的依据，这些 ENSO 事件类型大致可分为增暖区位于热带东太平洋的经典型 (EP) 和增暖区位于赤道中太平洋的增暖型 (CP) 这两类[50]。这两种增暖型 ENSO 事件可引起沿赤道的海面温度 (sea surface temperature，SST) 分布的不同，从而导致热带大气环流的异常[51]。

许多学者针对不同区域的特征，提出了不同的指数。例如，Trenberth 和 Stepaniak[32]提出了一个表征中太平洋和南美地区 SST 梯度的 TNI (trans-Niño index)，TNI 和 Niño 3.4 指数联合可以监测 El Niño 的演变过程；Ashok 等[30]设计并提出了表征三极型海温异常分布的 EMI (ENSO Modoki index)；Li 等[52]改进了 EMI，提出了修正的 IEMI (improved El Niño Modoki index)；Ren 和 Jin[53]在前人研究的基础上，得到一组新指数 CTI (cold-tongue index) 和 WPI (warm-pool index)；Wang 等[54-59]根据增暖中心位置的不同，将 EMI 划分为 I 和 II 两类；国家气候中心则是采用 1 区、2 区、3 区、4 区海温距平指数之和作为判定厄尔尼诺事件的依据[60,61]。无论哪一种指数，均是为了更好地分析 ENSO 对区域气候的影响，以便更好地发挥 ENSO 的指示作用。

2. ENSO 的年代际变化的影响

一些研究发现，ENSO 事件本身的强度、周期、冷暖事件不对称性等具有明显的时间变化特征，这种时间上的变化差异导致其对区域气候的影响也具有时间变化特征[62]。已有的研究普遍认为 20 世纪 70～80 年代是 ENSO 事件年代际变化的明显分界线：Rasmusson 和 Carpenter[63]认为 20 世纪 80 年代前后 ENSO 事件发生了明显变化，Wang[64]则认为 1976 年以后厄尔尼诺事件发生了显著的变化。在 ENSO 事件发生年代际变化的同时，大气环流、南方涛动、海温背景场等均发生变化[65-67]。此外，ENSO 的不同位相也发生变化，并能够引起海气耦合的加剧，激发更强烈的 ENSO 循环振荡[61]。在厄尔尼诺发生年代际变化的同时，热带太平洋有效位能(available potential energy，APE)的振幅、频率均有不同程度的变化[68]。热带太平洋的海温异常变化与热带印度洋的海温异常变化也有联系，而且这种联系因季节而不同：对冬季而言，1976 年之前两者的联系较为显著，之后两者的联系相对较弱；对夏季而言，两者的联系则与冬季相反[69]。

3. ENSO 对我国降水的影响

El Niño 可以改变大气环流的异常波动，进而影响东亚季风，从而对我国大部分地区的降水产生影响[70]。

在 El Niño 成熟期，中国南部冬季、春季及秋季降水增多；中国南部和北部夏季降水减少，淮河以南、长江以北之间的地区降水增多[39]。Zhang 等[39]的研究发现 El Niño 显著影响中国的降水。Zhang 等[18]通过研究长江流域年极端降水和 ENSO 的关系，发现长江流域上、中、下游与 ENSO 的相关程度不同，其中上游呈现负相关，下游呈现正相关。王月等[71]对我国东部地区夏季极端降水对 ENSO 的响应特征进行了分析，发现冷暖年当年夏季极端降水在华北地区东部增加显著。郭其蕴和王日昇[72]认为 El Niño 年亚洲冷空气南下的路径偏东，中国南方多雨。宗海锋[73]研究发现我国夏季降水的年际变化与 ENSO 之间的遥相关关系具有明显的地域差异，在东部地区这种相关关系的不稳定性相对较小，而西北和东北地区则很大。20 世纪 70 年代末以后，ENSO 引起了亚洲高空大气环流的异常波动，从而导致我国夏季华南地区的降水在 ENSO 的发展期明显增多，而在东北地区则减少[74]。除了 ENSO 的不同发展阶段外，ENSO 的不同位相也与我国降水有密切的关系。研究发现，在 ENSO 的暖位相时期，我国大部分地区夏季的降水量偏少，而在冷位相时期华南大部分地区的夏季降水量偏少，黄河流域和西南地区的降水量则偏多[75]。ENSO 事件通过影响亚洲夏季风对我国降水产生影响：在 El Niño 发展年，我国华南沿海地区及江淮流域的降水量增多；而在 El Niño 衰亡期，江淮流域的降水则减少；对于拉尼娜而言，这种影响正好相反[76]。

4. ENSO 对淮河流域降水的影响

对于 ENSO 对淮河流域降水、洪旱灾害等方面的影响，前人已经有了一定的研究，取得了一些研究成果。

平均海平面温度异常对江淮流域梅雨的影响具有多时空尺度的特性[77,78]。不同时段不同位相的 Niño 3 区海温异常对江淮流域的降水产生影响[79,80]。江淮流域汛期的降水受到赤道地区平均纬圈和经圈环流的影响[81]。洪泽湖枯水年和 ENSO 事件之间具有密切联系[82]。ENSO 事件能够引起淮河流域降水异常，其冷暖期也对春、冬季降水产生影响，引起降水减少和增多[83]。江淮下游里下河腹部地区的汛期降水与 ENSO 冷暖事件的遥相关有显著的阶段性特征[84]。

不同 ENSO 事件以及 ENSO 事件的不同位相对淮河流域降水的影响具有复杂的时空特征。那么，不同 ENSO 事件影响下不同尺度区域的降水过程特征如何？新型 ENSO 事件与传统型 ENSO 事件对淮河流域降水影响有何不同？这些问题均有待进一步研究。

1.2.2 气候因子对极端气象事件的联合影响的研究动态

一些已有研究表明，ENSO 与全球气候变化的关系不是平稳性的，而是受其他气候因子的共同影响。

1. ENSO 和 PDO 对极端气象事件的影响

关于 ENSO 对中国气候异常影响的研究已经有很多，但是得到的研究结果并不十分一致，这主要是因为东亚季风是影响我国气候变化的重要的天气系统之一，而目前的研究显示 ENSO 与东亚季风之间的相互作用机理尚不明朗；此外，PDO 对 ENSO 的影响具有明显的调剂作用[85-92]。

PDO 是一个大尺度年代际振荡因子，它能调节和制衡 ENSO 对全球气候变化的遥相关影响。例如，Gershunov 和 Barnett[93]研究发现 ENSO 受 PDO 调节和制衡作用的同时对北美降水产生影响；Power 等[20]研究发现基于 PDO 的不同位相，ENSO 对澳大利亚的降水有不同的影响；南美洲东南部地区在 ENSO 的不同时期叠加 PDO 暖期/冷期的影响时其降水模式也不相同[85,86]。这些研究表明，在 ENSO 和 PDO 时期，不同区域的降水及径流都有不同的响应。因此，研究 ENSO 与 PDO 对区域气候变化的联合影响十分必要。许多研究深入探讨了 ENSO 和 PDO 对我国近几十年来季节降水的联合影响[86-89]。例如，Zhou 和 Wu[91]揭示了 ENSO 暖期主要导致了中国东南沿海地区的低水平西南季风并且影响了中国南部冬季降水。此外，Chan 和 Zhou[92]研究发现在高 PDO 指数时期，中国南部季风区域降水偏少，反之亦然。

然而，PDO 作为一种年代际振荡指数，对与 ENSO 有关的年际气候变率产生调制作用的机理目前尚不清楚。以往的研究多围绕 ENSO 与中国气候异常的相关关系，很少考虑 ENSO 和 PDO 对区域降水的联合影响[92]，且已有研究大多围绕 ENSO 和 PDO 与区域气候变化的总体的相关特征，很少考虑在 PDO 不同位相时期背景下，二者结合对小区域气候的具体影响有何不同。

2. ENSO 和 NAO 对极端气象事件的影响

NAO 除具有年际变化特征外，还具有 20 年左右和 50～70 年的年代际变化特征[94-96]。随着研究的深入，人们逐渐发现全球海面温度的变化或大尺度气候因子如 ENSO、NAO、PDO 等对干旱有一定的影响，尤其是对年代际尺度上的干旱的形成，其影响更加明显[97,98]。符淙斌、许国宇等[99,100]研究发现，NAO 和北极涛动(Arctic oscillation，AO)对北京气候变化以及旱涝状况有一定的影响。

3. ENSO 和 IOD 对极端气象事件的影响

IOD 是印度洋海气相互作用的一种结果[101,102]，它不仅对印度洋及其周边地区产生影响，更对全球气候变化有一定影响。学者研究发现，它在全球气候变化以及海洋变化中都起到了非常重要的作用[103-110]。Behera 和 Yamagata[111]研究证实，IOD 影响了东亚季风区的夏季天气气候变化。ENSO 暖位相与 IOD 的联合使日本、朝鲜半岛等地出现高温、干旱的灾害性天气，此时对流层的下沉气流有所增强[112]。澳大利亚西北至东南部地区在正 IOD 事件影响下出现了高温干旱，在负 IOD 事件影响下则出现低温湿润[113]。

有关 IOD 与 ENSO 之间是否相互联系或者相互独立的问题尚未达成统一共识。有些学者认为 ENSO 和 IOD 之间存在密切的相关性[101,102]，IOD 的成熟阶段与 Niño 3 区海温异常指数的相关系数达 0.53。但有的学者却认为 IOD 是独立存在的，它与赤道太平洋的 ENSO 不具有相关关系[114]。李崇银和刘娜等[115,116]的研究结果则证明 IOD 与太平洋偶极子之间存在显著的负相关关系，其相互作用的主要纽带是赤道地区的沃克(Walker)环流。也有学者认为 IOD 仅存在于北半球的秋季，它与海洋动力过程无必然联系[117]。总之，大部分学者的研究都表明，IOD 对区域气候变化有一定的影响，而这种影响在多种气候因子的联合作用下会产生何种变化是有待深入研究的重点问题之一。

参 考 文 献

[1] 许武成, 马劲松, 王文. 关于 ENSO 事件及其对中国气候影响研究的综述[J]. 气象科学, 2005, 25(2): 212-220.

[2] 伍光和, 田连恕, 胡双熙, 等. 自然地理学[M]. 3 版. 北京: 高等教育出版社, 2000: 130.

[3] Baldwin M P, Dunkerton T J. Stratospheric harbingers of anomalous weather regimes[J]. Science, 2001, 294(5542): 581-584.

[4] Wang B, Wu R G, Fu X H. Pacific–East Asian teleconnection: How does ENSO affect East Asian climate?[J]. Journal of Climate, 2000, 13(9): 1517-1536.

[5] 龚道溢, 史培军, 何学兆. 北半球春季植被NDVI对温度变化响应的区域差异[J]. 地理学报, 2002, 57(5): 505-514.

[6] David A J, Blair C T. On the relationships between the El Niño–Southern Oscillation and Australian land surface temperature[J]. International Journal of Climatology, 2000, 20(7): 697-719.

[7] 宗海锋, 张庆云, 陈烈庭. 东亚-太平洋遥相关型形成过程与 ENSO 盛期海温关系的研究[J].

大气科学, 2008, 32 (2): 220-230.

[8] Zhang Q, Li J F, Singh V P, et al. Influence of ENSO on precipitation in the East River basin, south China[J]. Journal of Geophysical Research: Atmospheres, 2013, 118 (5): 2207-2219.

[9] 王慧. 1956-2011 年环渤海地区气候的变化特征及其与 ENSO 的相关性分析[D]. 兰州: 西北师范大学, 2013.

[10] 巢纪平. ENSO 和国际 TOGA 计划[R]. 国家气候委员会成立大会. 北京, 1987.

[11] Bjerknes J. A possible response of the atmospheric Hadley circulation to equatorial anomalies of ocean temperature[J]. Tellus, 1966, 18 (4): 820-829.

[12] Bjerknes J. Atmospheric teleconnections from the equatorial Pacific[J]. Monthly Weather Review, 1969, 97 (3): 163-172.

[13] 袁博仑, 潘增弟, 刘娜, 等. Modoki 对南半球中高纬度气候及海冰异常的影响[J]. 海洋学报 (中文版), 2014, 36 (3): 104-112.

[14] 张书萍, 祝从文. 2009 年冬季新疆北部持续性暴雪的环流特征及其成因分析[J]. 大气科学, 2011, 35 (5): 833-846.

[15] Cane M A. Oceanographic events during El Niño[J]. Science, 1983, 222 (4629): 1189-1195.

[16] Cole J E, Cook E R. The changing relationship between ENSO variability and moisture balance in the continental United States[J]. Geophysical Research Letters, 1998, 25 (24): 4529-4532.

[17] Andrews E D, Antweiler R C, Neiman P J, et al. Influence of ENSO on flood frequency along the California Coast[J]. Journal of Climate, 2004, 17 (2): 337-348.

[18] Zhang Q, Xu C Y, Jiang T, et al. Possible influence of ENSO on annual maximum streamflow of the Yangtze River, China[J]. Journal of Hydrology, 2007, 333 (2-4): 265-274.

[19] Nicholls N. Towards the prediction of major Australian droughts[J]. Australian Meteorological Magazine, 1985, 33: 161-166.

[20] Power S, Casey T, Folland C, et al. Inter-decadal modulation of the impact of ENSO on Australia[J]. Climate Dynamics, 1999, 15 (5): 319-324.

[21] Zhang Q, Singh V P, Li J F. Eco-hydrological requirements in arid and semiarid regions: Case study of the Yellow River in China[J]. Journal of Hydrologic Engineering, 2013, 18 (6): 689-697.

[22] Schubert S D, Chang Y H, Suarez M J, et al. ENSO and wintertime extreme precipitation events over the contiguous United States[J]. Journal of Climate, 2008, 21 (1): 22-39.

[23] Ropelewski C F, Halpert M S. North American precipitation and temperature patterns associated with the El Niño/Southern Oscillation (ENSO)[J]. Monthly Weather Review, 1986, 114 (12): 2352-2362.

[24] Giannini A, Chiang J C H, Cane M A, et al. The ENSO teleconnection to the tropical Atlantic Ocean: Contributions of the remote and local SSTs to rainfall variability in the tropical Americas[J]. Journal of Climate, 2001, 14 (24): 4530-4544.

[25] Gu G J, Adler R F. Precipitation and temperature variations on the interannual time scale: Assessing the impact of ENSO and volcanic eruptions[J]. Journal of Climate, 2010, 24 (9):

2258-2270.

[26] 中国天气网. 1997/98 强厄尔尼诺事件[Z/OL]. (2015-03-23)[2023-01-04]. http://www. weather.com. cn/climate/2014/06/qhbhyw/2142920.shtml.

[27] Sun X, Renard B, Thyer M, et al. A global analysis of the asymmetric effect of ENSO on extreme precipitation[J]. Journal of Hydrology, 2015, 530: 51-65.

[28] Chen W, Feng J, Wu R G. Roles of ENSO and PDO in the link of the East Asian winter monsoon to the following summer monsoon[J]. Journal of Climate, 2013, 26(2): 622-635.

[29] Silva Dias M A F, Dias J, Carvalho L M V, et al. Changes in extreme daily rainfall for São Paulo, Brazil[J]. Climatic Change, 2013, 116(3-4): 705-722.

[30] Ashok K, Behera S K, Rao S A, et al. El Niño Modoki and its possible teleconnection[J]. Journal of Geophysical Research, 2007, 112(C11): C11007.

[31] Kao H Y, Yu J Y. Contrasting eastern-Pacific and central-Pacific types of ENSO[J]. Journal of Climate, 2009, 22(3): 615-632.

[32] Trenberth K E, Stepaniak D P. Indices of El Niño evolution[J]. Journal of Climate, 2001, 14(8): 1697-1701.

[33] He B R, Zhai P M. Changes in persistent and non-persistent extreme precipitation in China from 1961 to 2016[J]. Advances in Climate Change Research, 2018, 9(3): 177-184.

[34] Trenberth K E, Smith L. Variations in the three-dimensional structure of the atmospheric circulation with different flavors of El Niño[J]. Journal of Climate, 2009, 22(11): 2978-2991.

[35] Ashok K, Tam C Y, Lee W J. ENSO Modoki impact on the Southern Hemisphere storm track activity during extended austral winter[J]. Geophysical Research Letters, 2009, 36(12): L12705.

[36] Kim H M, Webster P J, Curry J A. Impact of shifting patterns of Pacific Ocean warming on North Atlantic tropical cyclones[J]. Science, 2009, 325(5936): 77-80.

[37] Taschetto A, Ummenhofer C, Gupta A, et al. Effect of anomalous warming in the central Pacific on the Australian monsoon[J]. Geophysical Research Letters, 2009, 36(12): L12704.

[38] Weng H Y, Behera S K, Yamagata T. Anomalous winter climate conditions in the Pacific rim during recent El Niño Modoki and El Niño events[J]. Climate Dynamics, 2009, 32(5): 663-674.

[39] Zhang R H, Sumi A, Kimoto M. A diagnostic study of the impact of El Niño on the precipitation in China[J]. Advances in Atmospheric Sciences, 1999, 16(2): 229-241.

[40] Cuo L, Zhang Y X, Wang Q C, et al. Climate change on the Northern Tibetan Plateau during 1957-2009: Spatial patterns and possible mechanisms[J]. Journal of Climate, 2013, 26(1): 85-109.

[41] Ouyang R, Liu W, Fu G, et al. Linkages between ENSO/PDO signals and precipitation, streamflow in China during the last 100 years[J]. Hydrology and Earth System Sciences, 2014, 18(9): 3651-3661.

[42] Xiao M Z, Zhang Q, Singh V P. Influences of ENSO, NAO, IOD and PDO on seasonal precipitation regimes in the Yangtze River basin, China[J]. International Journal of Climatology,

2015, 35（12）: 3556-3567.

[43] Zhang Q, Xiao M Z, Singh V P, et al. Max-stable based evaluation of impacts of climate indices on extreme precipitation processes across the Poyang Lake basin, China[J]. Global and Planetary Change, 2014, 122: 271-281.

[44] Wang Y M, Li S L, Luo D H. Seasonal response of Asian monsoonal climate to the Atlantic Multidecadal Oscillation[J]. Journal of Geophysical Research, 2009, 114（D2）: D02112.

[45] 张键. ENSO 事件对中国气候的影响研究[D]. 北京: 首都师范大学, 2001.

[46] 涂长望. 中国天气与世界天气的浪动及其长期预报中国夏季旱涝的应用[M]. 中国近代科学论著丛刊: 气象学, 1919-1949. 北京: 科学出版社, 1955: 369-422.

[47] 刘永强, 丁一汇. ENSO 事件对我国天气气候的影响[J]. 应用气象学报, 1992, 3（4）: 473-481.

[48] 丁一汇, 村土滕人. 亚洲季风[M]. 北京: 气象出版社, 1994: 93-104.

[49] 王珂清, 曾燕, 谢志清, 等. 1961—2008 年淮河流域气温和降水变化趋势[J]. 气象科学, 2012, 32（6）: 671-677.

[50] 符淙斌, 弗莱彻 J. "埃尔尼诺"（El Niño）时期赤道增暖的两种类型[J]. 科学通报, 1985, 30（8）: 596-599.

[51] Fu C B, Diaz H F, Fletcher J O. Characteristics of the response of sea surface temperature in the central Pacific associated with warm episodes of the Southern Oscillation[J]. Monthly Weather Review, 1986, 114（9）: 1716-1739.

[52] Li G, Ren B H, Yang C Y, et al. Indices of El Niño and El Niño Modoki: An improved El Niño Modoki index[J]. Advances in Atmospheric Sciences, 2010, 27（5）: 1210-1220.

[53] Ren H L, Jin E F. Niño indices for two types of ENSO[J]. Geophysical Research Letters, 2011, 38: L04704.

[54] Wang C Z, Wang X. Classifying El Niño Modoki I and II by different impacts on rainfall in Southern China and typhoon tracks[J]. Journal of Climate, 2013, 26（4）: 1322-1338.

[55] Larkin N K, Harrison D E. On the definition of El Niño and associated seasonal average U. S. weather anomalies[J]. Geophysical Research Letters, 2005, 32（13）: L13705.

[56] Yu J Y, Kao H Y. Decadal changes of ENSO persistence barrier in SST and ocean heat content indices: 1958-2001[J]. Journal of Geophysical Research: Atmospheres, 2007, 112（D13）: D13106.

[57] Kug J S, Jin F F, An S I. Two types of El Niño events: Cold tongue El Niño and warm pool El Niño[J]. Journal of Climate, 2009, 22（6）: 1499-1515.

[58] Hu Z Z, Kumar A, Jha B, et al. An analysis of warm pool and cold tongue El Niños: Air-sea coupling processes, global influences, and recent trends[J]. Climate Dynamics, 2012, 38（9-10）: 2017-2035.

[59] Xu K, Zhu C W, He J H. Linkage between the dominant modes in Pacific subsurface ocean temperature and the two type ENSO events[J]. Chinese Science Bulletin, 2012, 57（26）: 3491-3496.

[60] Peng J B, Zhang Q Y, Chen L T. Connections between different types of El Niño and Southern/Northern Oscillation[J]. Acta Meteorologica Sinica, 2011, 25(4): 506-516.

[61] Zhang W J, Jin F F, Li J P, et al. Contrasting impacts of two-type El Niño over the Western North Pacific during boreal autumn[J]. Journal of the Meteorological Society of Japan, 2011, 89(5): 563-569.

[62] 梁晓妮, 俞永强, 刘海龙. ENSO 循环年代际变化及其数值模拟[J]. 大气科学, 2008, 32(6): 1471-1482.

[63] Rasmusson E M, Carpenter T H. Variations in tropical sea surface temperature and surface wind fields associated with the Southern Oscillation/El Niño[J]. Monthly Weather Review, 1982, 110(5): 354-384.

[64] Wang B. Interdecadal changes in El Niño onset in the last four decades[J]. Journal of Climate, 1995, 8(2): 267-285.

[65] 朱乾根, 葛旭阳, 矫梅燕. 1976—1977 年及 1982—1983 年厄尔尼诺事件过程差异的年代际背景[J]. 气象科学, 1998, 18(3): 203-212.

[66] Fedorov A V, Philander S G. Is El Niño Changing?[J]. Science, 2000, 288(5473): 1997-2002.

[67] 张勤, 丁一汇. 热带太平洋年代际平均气候态变化与 ENSO 循环[J]. 气象学报, 2001, 59(2): 157-172.

[68] 罗连升, 杨修群. 从有效位能变化来分析 El Niño 的年代际变化[J]. 气象科学, 2003, 23(1): 1-11.

[69] 范伶俐. 冬/夏季热带太平洋与印度洋海表温度年际异常关系的年代际变化[J]. 应用气象学报, 2006, 17(1): 107-112.

[70] 翟盘茂, 李晓燕, 任福民. 厄尔尼诺[M]. 北京: 气象出版社, 2003.

[71] 王月, 张强, 顾西辉, 等. 淮河流域夏季降水异常与若干气候因子的关系[J]. 应用气象学报, 2016, 27(1): 67-74.

[72] 郭其蕴, 王日昇. 东亚冬季风活动与厄尔尼诺的关系[J]. 地理学报, 1990, 45(1): 68-77.

[73] 宗海锋. ENSO 引起的全球和局地环流异常对梅雨期降水影响过程的研究[D]. 北京: 中国科学院研究生院(大气物理研究所), 2007.

[74] 朱益民, 杨修群, 陈晓颖, 等. ENSO 与中国夏季年际气候异常关系的年代际变化[J]. 热带气象学报, 2007, 23(2): 105-116.

[75] 金祖辉, 陶诗言. ENSO 循环与中国东部地区夏季和冬季降水关系的研究[J]. 大气科学, 1999, 23(6): 663-672.

[76] 陈文. El Niño 和 La Niña 事件对东亚冬、夏季风循环的影响[J]. 大气科学, 2002, 26(5): 595-610.

[77] 龚敬瑜, 王谦谦. 江淮梅雨期降水不同尺度异常与 SSTA 的关系[J]. 南京气象学院学报, 2006, 29(5): 656-661.

[78] Gu W, Li C Y, Wang X, et al. Linkage between Mei-yu precipitation and North Atlantic SST on the decadal timescale[J]. Advances in Atmospheric Sciences, 2009, 26(1): 101-108.

[79] 王钟睿, 钱永甫. 海温异常对江淮流域入梅的影响[J]. 应用气象学报, 2005, 16(2):

193-204.

[80] 王钟睿, 钱永甫. 江淮梅雨的多尺度特征及其与厄尔尼诺和大气环流的联系[J]. 南京气象学院学报, 2004, 27（3）: 317-325.

[81] 陈烈庭. 东太平洋赤道地区海水温度异常对热带大气环流及我国汛期降水的影响[J]. 大气科学, 1977, 1（1）: 1-12.

[82] 杨庆萍, 王苏, 王睿, 等. 洪泽湖枯水年比较及与 ENSO 事件关系[J]. 气象科学, 2002, 22（1）: 113-118.

[83] 信忠保, 谢志仁. ENS0 事件对淮河流域降水的影响[J]. 海洋预报, 2005, 22（2）: 38-46.

[84] 叶正伟, 许有鹏, 潘光波. 江淮下游汛期降水与 ENSO 冷暖事件的关系——以里下河腹部地区为例[J]. 地理研究, 2013, 32（10）: 1824-1832.

[85] da Silva G A M, Drumond A, Ambrizzi T. The impact of El Niño on South American summer climate during different phases of the Pacific Decadal Oscillation[J]. Theoretical and Applied Climatology, 2011, 106（3-4）: 307-319.

[86] Sen Roy S, Sen Roy N. Influence of Pacific decadal oscillation and El Niño southern oscillation on the summer monsoon precipitation in Myanmar[J]. International Journal of Climatology, 2011, 31（1）: 14-21.

[87] Gong D Y, Wang S W. Impacts of ENSO on rainfall of global land and China[J]. Chinese Science Bulletin, 1999, 44（9）: 852-857.

[88] Wu R G, Hu Z Z, Kirtman B P. Evolution of ENSO-related rainfall anomalies in East Asia[J]. Journal of Climate, 2003, 16（22）: 3742-3758.

[89] Xu Z X, Takeuchi K, Ishidaira H. Correlation between El Niño-Southern Oscillation（ENSO）and precipitation in south-east Asia and the Pacific region[J]. Hydrological Processes, 2004, 18（1）: 107-123.

[90] Hao Z X, Zheng J Y, Ge Q S. Precipitation cycles in the middle and lower reaches of the Yellow River（1736-2000）[J]. Journal of Geographical Sciences, 2008, 18（1）: 17-25.

[91] Zhou L T, Wu R G. Respective impacts of the East Asian winter monsoon and ENSO on winter rainfall in China[J]. Journal of Geophysical Research: Atmospheres, 2010, 115（D2）: D02107.

[92] Chan J C L, Zhou W. PDO, ENSO and the early summer monsoon rainfall over south China[J]. Geophysical Research Letters, 2005, 32（8）: L08810.

[93] Gershunov A, Barnett T P. Inter-decadal modulation of ENSO teleconnections[J]. Bulletin of the American Meteorological Society, 1998, 79（12）: 2715-2725.

[94] 左金清. AO/NAO 与 ENSO 的联系及其对中国气候异常的影响[D]. 兰州: 兰州大学, 2011.

[95] 苏宏新, 李广起. 基于 SPEI 的北京低频干旱与气候指数关系[J]. 生态学报, 2012, 32（17）: 5467-5475.

[96] Luterbacher J, Schmutz C, Gyalistras D, et al. Reconstruction of monthly NAO and EU indices back to AD 1675[J]. Geophysical Research Letters, 1999, 26（17）: 2745-2748.

[97] Mishra A K, Singh V P. A review of drought concepts[J]. Journal of Hydrology, 2010, 391（1/2）: 202-216.

[98] Dai A G. Drought under global warming: A review[J]. Wiley Interdisciplinary Reviews: Climate Change, 2011, 2(1): 45-65.

[99] 符淙斌, 曾昭美. 最近 530 年冬季北大西洋涛动指数与中国东部夏季旱涝指数之联系[J]. 科学通报, 2005, 50(14): 1512-1522.

[100] 许国宇, 马晓青. 北极涛动对冬季北京极端低温事件的影响分析[J]. 气象与环境科学, 2011, 34(2): 39-43.

[101] Webster P J, Moore A M, Loschnigg J P, et al. Coupled ocean-atmosphere dynamics in the Indian Ocean during 1997-98[J]. Nature, 1999, 401(6751): 356-360.

[102] Behera S K, Krishnan R, Yamagata T. Unusual ocean-atmosphere conditions in the tropical Indian Ocean during 1994[J]. Geophysical Research Letters, 1999, 26(19): 3001-3004.

[103] Guan Z Y, Ashok K, Yamagata T. Summertime response of the tropical atmosphere to the Indian Ocean dipole sea surface temperature anomalies[J]. Journal of the Meteorological Society of Japan, 2003, 81(3): 533-561.

[104] Ashok K, Guan Z Y, Yamagata T. Impact of the Indian Ocean Dipole on the relationship between the Indian monsoon rainfall and ENSO[J]. Geophysical Research Letters, 2001, 28(23): 4499-4502.

[105] Black E, Slingo J, Sperber K R. An observational study of the relationship between excessively strong short rains in Coastal East Africa and Indian Ocean SST[J]. Monthly Weather Review, 2003, 131(1): 74-94.

[106] Clark C O, Webster P J, Cole J E. Interdecadal variability of the relationship between the Indian Ocean Zonal Mode and east African coastal rainfall anomalies[J]. Journal of Climate, 2003, 16(3): 548-554.

[107] Zubair L, Rao S A, Yamagata T. Modulation of Sri Lankan Maha rainfall by the Indian Ocean Dipole[J]. Geophysical Research Letters, 2003, 30(2): 1063-1066.

[108] Saji N H, Yamagata T. Possible impacts of Indian Ocean dipole mode events on global climate[J]. Climate Research, 2003, 25(2): 151-169.

[109] Saji N H, Yamagata T. Structure of SST and surface wind variability during Indian Ocean Dipole Mode years: COADS observations[J]. Journal of Climate, 2003, 16(16): 2735-2751.

[110] Saji N H, Ambrizzi T, Ferraz S E T. Indian Ocean dipole mode events and austral surface temperature anomalies[J]. Dynamics of Atmospheres and Oceans, 2005, 39(1-2): 87-101.

[111] Behera S K, Yamagata T. A new East Asian winter monsoon index and assoeiated the Indian Ocean dipole impact on Darwin pressure: Implication for southern oscillation index[J]. Journal of Climate, 2004, 17(4): 711-726.

[112] Yamagata T. The Indian Oecean dipole [A]. The Second International Symposium on Physico-Mathematical Problems Related to Climate Modeling and Prediction(CAS2TWAS2WMO FORUM). China, Shanghai, 2002.

[113] Ashok K, Guan Z Y, Yamagata T. Influence of the Indian Ocean Dipole on the Australian winter rainfall[J]. Geophysical Research Letters, 2003, 30(15): 1821.

[114] Yamagata T, Behera S K, Rao S A, et al. The Indian Ocean dipole: A physical entity[J]. Clivar Exchanges, 2002.

[115] 李崇银, 穆明权. 赤道印度洋海温偶极子型振荡及其气候影响[J]. 大气科学, 2001, 25(4): 433-443.

[116] 刘娜, 陈红霞, 陈显尧, 等. 印度洋海温偶极子型振荡与热带太平洋之间的对流层遥相关模态及相应的机制解释[J]. 科学通报, 2005, 50(17): 1893-1897.

[117] Baquero-Bemal A, Latif M, Legutke S. On dipolelike variability of sea surface temperature in the tropical Indian Ocean[J]. Journal of Climate, 2002, 15(11): 1358-1368.

第 2 章　研究区域基本概况

2.1　自然地理概况

2.1.1　地理位置

淮河流域位于我国东部，其具体位置见图 2-1。淮河流域东面紧邻黄海，西面以桐柏山、伏牛山为界，南面为大别山、江淮丘陵，北以黄河南堤和泰山为界，干流全长约 1000 km，流经河南、湖北、安徽、江苏、山东 5 省[1,2]。

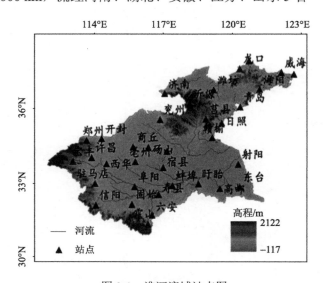

图 2-1　淮河流域站点图

2.1.2　地形地貌

淮河流域地形大体由西北向东南倾斜，其大部分位于我国地势的第三级阶梯上。流域的西南部、东北部为丘陵山区，其余大部分区域为平原(14.77 万 km²)、湖泊和洼地(3.6 万 km²)。

淮河流域的平原、山地、丘陵和台地的面积分别占流域总面积的 9.7%、6.5%、17.2%和 66.6%，此外流域内还零星分布有喀斯特侵蚀地貌和火山熔岩地貌[3]。

2.1.3　土壤植被

淮河流域的土壤类型有黄棕壤、褐土、棕壤等。淮河流域下游的平原区土壤肥沃，适宜农作物生长[1]。淮河流域的植被类型主要有落叶阔叶林、针叶松混交林、常绿阔叶林等，此外还间或有竹林和原始森林。流域内沂蒙山区、伏牛山区和大别山区的森林覆盖率分别为 12%、21% 和 30%。流域内分布的树种主要有苹果树、梨树、桃树、刺槐、泡桐、白杨等，在滨湖沼泽地还分布有芦苇、蒲草等。流域南部的作物以稻、麦、油菜等为主，而北部则主要种植小麦、玉米、棉花、大豆和红芋等。

2.1.4　气候特征

淮河流域兼具南北气候特征，北部为暖温带，南部为北亚热带。流域年平均气温为 11~16℃，无霜期长达 200~240 d[4]。淮河流域多年平均降水量约为 900 mm，降水量由北向南递增，其中淮河水系的多年平均降水量高于沂沭泗水系。受地形因素影响，流域内的降水高值区主要位于伏牛山区、大别山区和沿海地区。流域淮河水系的多年平均径流深度高于沂沭泗水系，可达 237 mm。

西风槽、冷涡、台风、东风波、江淮切变线、气旋波等是影响淮河流域的主要天气系统，其中，东亚季风的影响最为重要。春季，流域降水逐渐增多，这主要是东亚夏季风由南向北推进的结果。夏季，偏南的气流带来大量暖湿空气，使流域降水明显增多。秋季，冬季风向南推进，流域降水迅速减少。6、7 月份流域还有大范围、持久性的梅雨天气，通常梅雨时间长，往往会出现洪水。此外，台风、低涡切变线也会给流域带来暴雨天气，造成洪涝灾害，如 1954 年的洪涝灾害就是由低涡切变线带来的暴雨造成的。

2.1.5　河流水系

淮河流域囊括淮河水系、沂沭泗水系两大水系，废黄河以南为淮河水系，以北为沂沭泗水系。淮河水系起于桐柏山，从河源到洪河口为上游，洪河口至洪泽湖出口为中游，洪泽湖以下为下游，其中中游段是治淮的关键河段。中华人民共和国成立后，在淮河流域兴建了梅山、响洪甸、板桥、白龟山等大型水库，以拦蓄洪水；新建了新汴河、茨淮新河等人工河道，使北岸部分支流洪水直接进入洪泽湖；修筑了 238 km 的淮北大堤，以防淮河洪水北溢；设立了蒙洼、城西湖等22 个行蓄洪区[3]。沂沭泗水系支流众多，其干流起于沂蒙山，集水面积约 8 万 km²。沂河自鲁山发源，后经临沂，最后汇入骆马湖。沭河源于沂山南麓，流经至大官庄分成老沭河和新沭河两条河流，最后经江苏省石梁河水库至临洪口入海。泗河水系虽然支流众多，但都由新沂河入海[3]。

2.1.6　自然灾害

淮河流域历来是我国气象灾害、地质灾害等多发区域之一[4]，同时由于黄河夺淮，淮河水系遭到了严重的破坏，再加上特殊的地理位置以及下垫面条件，流域洪旱、风暴潮等自然灾害频发。淮河中下游和淮北地区常出现洪水、风暴潮并袭等情况[5]。淮河流域春夏多旱，其中，淮河上游多以春旱为主，中游以夏旱为主；淮河中游以北地区常出现春夏旱涝交替现象；而上游大部分和中游南部地区的淮河水系多发生旱涝年际交替现象[5]。

1. 洪灾

淮河流域发生洪灾的频率有增加趋势。据统计，从 12 世纪到 13 世纪平均每百年发生水灾 35 次，发展到现今平均每两年发生一次洪水。近 60 年，大型洪灾更是约 10 年就会发生一次，例如，1950 年、1954 年、1957 年、1975 年的大洪水，这些大洪水的洪峰流量均很可观[6]。例如，历史洪水调查资料表明，襄城 1612 年洪水的推算流量为 5060 m³/s，1632 年洪水流量为 5160 m³/s。史志资料中，从灾情描述上统计：清朝前特大洪水 21 次，清朝特大洪水 3 次，民国时期以 1931 年洪水为最大。此外，淮河不同河段均有洪水灾害发生，中下游段尤为频繁，损失也更为严重。

2. 旱灾

旱灾与洪灾在淮河流域常交替出现。与洪灾相似，淮河流域旱灾的发生频率也在增加。近 500 年来，平均每 1.7 年淮河流域就发生一次旱灾，最近的 60 年间，更是每 4 年就出现一次大旱，例如，众所周知的 1997 年、2003 年、2009 年、2010 年等大旱之年[6]。例如，淮河流域因旱成灾的农田面积仅 1991～1998 年就占到全流域耕地面积的 16%，这个比例比 60 年前高出 8%～9%。淮河流域旱灾的强度逐渐加剧，频率逐渐增大，且有重于洪灾的趋势[6]。

2.2　社会经济概况

淮河流域总人口约 1.65 亿人，平均人口密度为 611 人/km²，在全国各大流域中这个人口密度是最高的[3-5]。淮河流域作物种类丰富、产量高[7,8]。淮河流域的煤炭产业在我国煤炭产业中具有重要的地位。淮河流域水、陆、空交通发达。流域内不仅有京沪、京九、京广三条南北铁路大动脉穿过，而且有著名的欧亚大陆桥——陇海铁路横贯流域北部。水路方面，除了京杭大运河外，东西向的淮河干流以及各支流内的水路航运均十分发达。流域内公路四通八达，众多高等级公路穿境而过，不仅可以快速到达流域内的各省，还能通向全国各地。在空运方面，国内与国际航线密布，去往全国以及世界各地均很方便。

淮河流域年平均水资源量为 854 亿 m³，其中，地表水资源量达 621 亿 m³，约占流域水资源量的 72.7%；浅层地下水资源量约占流域水资源量的 27.3%。干旱之年还可北引黄河、南引长江以补充水资源[7,8]。

参 考 文 献

[1]　宁远. 淮河流域水利手册[M]. 北京：科学出版社，2003.

[2]　陆志刚，张旭晖，霍金兰，等. 1960—2008 年淮河流域极端降水演变特征[J]. 气象科学，2011, 31（S1）：77-83.

[3]　中华人民共和国水利部. 淮河 [EB/OL]. (2014-09-13)[2023-01-08]. http://www.mwr.gov.cn/szs/hl/201612/t20161222_776385.html.

[4]　汪志国，谈家胜. 20 世纪以来淮河流域自然灾害史研究述评[J]. 淮北师范大学学报（哲学社会科学版），2011, 32（3）：35-43.

[5]　杨志勇，袁喆，马静，等. 近 50 年来淮河流域的旱涝演变特征[J]. 自然灾害学报，2013, 22（4）：32-40.

[6]　水利部淮河水利委员会. 治淮汇刊年鉴（2014）[M]. 蚌埠：治淮汇刊年鉴编辑部，2014.

[7]　高超. 淮河流域气候水文要素变化及成因分析研究[M]. 合肥：安徽师范大学出版社，2012.

[8]　陈桥驿. 淮河流域[M]. 上海：春明出版社，1952.

第3章 淮河流域降水时空分布特征分析

3.1 数据来源与处理

本书选取国家气象中心提供的淮河流域 35 个气象测站逐日降水量数据及 16 个水文测站的月径流数据。气象测站、水文测站的地理分布如图 3-1 所示。所有测站的数据缺失量均小于 1%。对于缺失的数据，如果时段较短，如 1~2d，采用相邻数据平均值进行插补；如果时段较长，则用多年同一时段的平均值进行插补[1]。

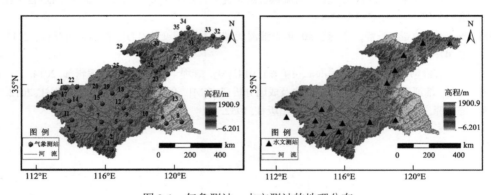

图 3-1 气象测站、水文测站的地理分布

3.2 研 究 方 法

3.2.1 Mann-Kendall 非参数检验法

利用 Mann-Kendall 非参数检验法对淮河流域降水年变化、季节变化、月变化的趋势进行分析。Mann-Kendall 非参数检验法是世界气象组织（WMO）推荐[2]的非参数检验方法之一，目前已被广泛地用来分析降水、径流和气温等要素时间序列的趋势变化[3]。Mann-Kendall 非参数检验法由 Mann 于 1945 年创建，是一种时间序列趋势分析方法，Kendall 于 1975 年对其进行了完善。Mann-Kendall 非参数检验法之所以应用广泛[4]，主要是由于该方法不需要检验的样本遵从一定的分布，对水文、气象等一些非正态分布的数据而言非常实用[5]。

对于具有 n 个站点的水文、气象要素的时间序列 x，构造一个秩序列：

$$s_k = \sum_{i=1}^{k} r_i \quad (k = 2,3,\cdots,n) \tag{3-1}$$

式中，

$$r_i = \begin{cases} +1, & x_i > x_j \\ 0, & x_i \leqslant x_j \end{cases} \quad (j = 1,2,\cdots,i)$$

假设上面的时间序列是随机独立的，则定义检测的统计量为

$$\mathrm{UF}_k = \frac{[s_k - E(s_k)]}{\sqrt{\mathrm{Var}(s_k)}} \quad (k = 1,2,\cdots,n) \tag{3-2}$$

式中，UF_k 为计算出的统计量，对于给定的显著性水平 α，若出现 $|\mathrm{UF}_k| > U_\alpha$，其中 U_α 为置信度为 $1-\alpha$ 的显著性检验值，则表明该时间序列趋势变化显著；$\mathrm{UF}_1 = 0$ 时，$E(s_k)$ 和 $\mathrm{Var}(s_k)$ 分别是 s_k 的均值和方差。当 $x_1, x_2, \cdots, x_n$ 既有相同的连续分布又相互独立时，则有

$$E(s_k) = \frac{n(n+1)}{4}$$
$$\mathrm{Var}(s_k) = \frac{n(n-1)(2n+5)}{72} \tag{3-3}$$

按时间序列 x 的逆序列 $x_n, x_{n-1}, \cdots, x_1$，重复以上计算过程，计算得到 UB_k，同时使 $\mathrm{UB}_k = -\mathrm{UF}_k$，$k = n, n-1, \cdots, 1$，$\mathrm{UB}_1 = 0$。

先根据式 (3-2) 分别计算出 UF_k 和 UB_k，然后给定显著性水平，如 $\alpha = 0.05$，通过置信度为 95% 的显著性检验时，临界值 $U_\alpha = \pm 1.96$，绘制 UF_k、UB_k 及临界值曲线图。

图中如果 UF_k 或 UB_k 的值大于 0，那么表示该时间序列呈上升趋势；如果 UF_k 或 UB_k 的值小于 0，则表示该时间序列呈下降趋势。当它们超过临界值线时，表明上升或下降的趋势显著。如果 UF_k 和 UB_k 两条曲线相交，而且交点在临界值线之间，那么交点所对应的时刻是开始发生突变的时刻。

3.2.2　最小二乘法

气象、水文要素在某一时间序列上的变化趋势可以用线性方程表示[5]为 $y(t) = at + b$，采用最小二乘法求出 a 和 b，线性函数的斜率[6]即趋势变化率为 $a = \mathrm{d}y(t)/\mathrm{d}t$。当 $a > 0$ 时，气象、水文要素序列随时间呈递增趋势；当 $a < 0$ 时，气象、水文要素序列随时间呈递减趋势；当 $a = 0$ 时，气象、水文要素序列无明显变化趋势。趋势系数 a 的绝对值越大，变化趋势越明显；相反地，a 的绝对值越小，变化趋势越不明显。把 $a \times 10$ 作为气象、水文要素在十年际尺度上的趋势变

化率[5]。

3.2.3　小波分析法

降水序列随时间振荡变化的周期可以用小波分析法来解决[7]。小波分析可以更好地分析序列随时间的变化情况，是进行气候多时间尺度变化特征分析及短期气候预测等的一种常用方法。本书运用小波分析理论，分析淮河流域近 50 年来降水随时间变化的特征与规律，不仅可以确定降水变化的周期振荡规律，而且可以明确降水变化发生突变的点，从而从时间变化上揭示降水变化规律。

1. 小波函数

小波(wavelet)函数是一类能够衰减到 0 并且具有周期振荡特性的函数。其基本计算公式为

$$\int_{-\infty}^{+\infty} \varphi(t)\mathrm{d}t = 0 \tag{3-4}$$

式中，函数 $\varphi(t)$ 是基本小波函数，当基本小波发生伸缩和平移，则构成新的函数系：

$$\psi_{a,b}(t) = |a|^{-\frac{1}{2}} \psi\left(\frac{t-b}{a}\right) \ (a,b \in \mathbf{R}, a \neq 0) \tag{3-5}$$

式中，$\psi_{a,b}(t)$ 是连续小波函数；a 是尺度因子，即变化的周期长度；b 是时间因子，表示时间上小波的平移。

目前广泛使用的小波函数有很多种，主要的有 Haar、Mexican Hat、Morlet、正交小波和样条小波等。

2. 小波变换系数图

令 $L^2(R)$ 表示定义在实轴上、可测的平方可积函数空间，则对于给定的小波函数 $\psi(t)$，样本时间序列 $f(t) \in L^2(R)$ 的连续小波变换为

$$W_f(a,b) = |a|^{-\frac{1}{2}} \int_{-\infty}^{\infty} f(t)\overline{\psi}\left(\frac{t-b}{a}\right)\mathrm{d}t \tag{3-6}$$

式中，$\overline{\psi}(t)$ 为 $\psi(t)$ 的共轭复数；$W_f(a,b)$ 为小波变换系数。实际工作中，时间序列常常是离散的，如 $f(k\Delta t)(k=1,2,\cdots,N; \Delta t$ 为取样时间间隔)，那么，式(3-6)的离散形式为

$$W_f(a,b) = |a|^{-\frac{1}{2}} \Delta t \sum_{k=1}^{N} f(k\Delta t)\overline{\psi}\left(\frac{k\Delta t - b}{a}\right) \tag{3-7}$$

反映时间变化的参数 b 和反映频率变化的参数 a 均能通过 $W_f(a,b)$ 反映自身

的特征。当 a 较小时，对参数 b 的分辨率较高；当 a 增大时，对参数 a 的分辨率高，但是对参数 b 的分辨率较低。因此，小波变换函数可以实现时间变化、频率变化的局部变化。

参数 a 和 b 的变化会引起函数 $W_f(a,b)$ 的变化。绘制 $W_f(a,b)$ 函数的二维等值线图时，以 b 为横坐标，以 a 为纵坐标，这样绘制出来的图就是小波变换系数图。通过该图可得到时间序列样本的小波变化特征。尺度相同时，通过小波变换系数图可以分析样本序列随时间变化的特征：当小波变换系数为正数时，表示偏多期；当小波变换系数为负数时，表示偏少期；当小波变换系数等于 0 时，则表示突变发生点。小波变换系数的这种特性，使它能够广泛应用于气象、水文中有关时间序列样本的时间变化尺度特征，而且能够明确发生突变的特征。

3. 小波方差

小波方差是对关于 a 的时间域上全部小波变换系数的平方进行积分：

$$\text{Var}(a) = \int_{-\infty}^{\infty} \left| W_f(a,b) \right|^2 \text{d}b \tag{3-8}$$

以尺度 a 为横轴绘制的小波方差随其变化的图即为小波方差图。通过小波方差图，能够确定一个气象、水文样本时间序列中存在的主周期，即主要的时间尺度。

常用的 Morlet 小波 $\psi(t) = \text{e}^{\frac{ict - t^2}{2}}$，其中的常数 c 一般取值为 6.2。函数中，a 与周期 T 的关系为

$$T = \left[\frac{4\pi}{c\sqrt{2 + c^2}} \right] a \tag{3-9}$$

模和实部是 Morlet 小波变换中两个最为重要的变量。信号在时间尺度上的强弱变化通过模的大小来表征，在不同时间尺度上信号的分布和位相信息通过实部来表征。

3.2.4　经验正交分解（EOF）及旋转经验正交分解（REOF）

经验正交分解（empirical orthogonal functions，EOF）是大气、海洋科学等学科中常用的一种数据分析方法，使用这种方法得到的前几个特征向量可以凝练研究对象的主要特征，而且这种方法可以将时间和空间分离，分解出空间模态和时间系数，更便于分析水文、气象要素等的时空变化规律。

1901 年统计学家首次提出 EOF[8]，20 世纪 50 年代中期 Lorenz[9]将其引入大气科学研究，近年来该方法已被广泛应用于大气、海洋及地球物理等学科领域。由于 EOF 进行了时空结构的解离，比原变量场的物理意义更为明确，原变量场的

主要特征能够更为明显地表现在解离出的若干个模态上，所表现的时空变化信息也更为细致且明显。EOF 已成为各国气象水文学家及海洋学家近几十年来分析资料的重要手段[10]。

EOF 的计算步骤见图 3-2。

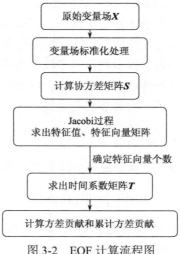

图 3-2　EOF 计算流程图

经过上述过程得到的前几个特征向量场能够反映整个研究区域气象、水文要素的主要时空变化特征。但是，EOF 方法分离出的空间模态分布无法囊括地域差异性特征，因此得到的分析结果还存在一定的局限性。

旋转经验正交函数(rotated empirical orthogonal function，REOF)可以克服上述 EOF 方法的局限性，其分离出的空间模态能够反映地域差异性的相关分布状况，因此分析结果误差较小[4,11]。REOF 的计算步骤如图 3-3 所示。

一般来说，REOF 的特征向量取累计方差贡献率达 85%为标准，但有时也可以根据某个特征值之后特征向量的变化趋于平缓为判定标准。

3.2.5　反距离权重插值法

由于本书中用到的降水量观测数据主要是站点观测的点降水量数据，如果分析某一流域降水分布的总体情况就要对点降水量数据进行空间插值[12]。空间插值的目的是将分散的各个数据点插值成连续分布的空间面，以便更好地从空间分布上查看数据要素的变化规律。地理学、地质学、气象学等学科中常用的空间插值方法有反距离权重(inverse distance weighted，IDW)法、克里金法、样条法等。其中，IDW 方法因其计算过程简单、适用性强以及插值后仍能保留样点的真实值，被广泛应用于离散点的空间分析之中[13,14]。

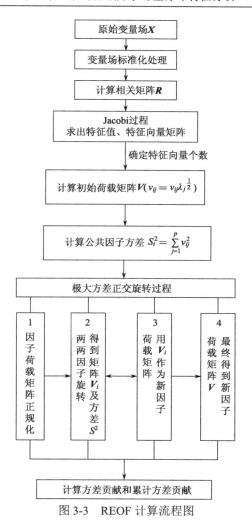

图 3-3　REOF 计算流程图

IDW 算法最早于 1968 年由 Shepard[15]提出，随后 Watson 和 Philip[16]及曾红伟等[17]将其应用于空间插值的等值线绘制。

反距离权重插值法中插值点的雨量由它周围的气象站(即插值样本)的雨量确定，插值点的雨量与插值样本点的雨量呈正比，各插值样本点的权重与它到插值点的距离的若干次方成反比[12,18]。IDW 算法公式通常表示为[12]

$$P^*(s_0) = \sum_{i=1}^{n} \lambda_i P(s_i) \tag{3-10}$$

$$\lambda_i = \frac{d_i^{-b}}{\sum\limits_{i=1}^{n} d_i^{-b}} \tag{3-11}$$

式中，$P^*(s_0)$ 为插值点 s_0 处的估计值；n 为插值点周围用于确定插值点雨量的插值样本点的个数；$P(s_i)$ 为位于点 s_i 处的第 i 个插值样本点的雨量；λ_i 为第 i 个插值样本点的权重；d_i 为插值点到第 i 个插值样本点的距离；b 为权重指数。当 $b=0$ 时，式 (3-11) 转化为算术平均法；当 $b=1$ 时，式 (3-11) 为简单的距离反比法；当 $b=2$ 时，式 (3-11) 为常用的距离反比法。本书中 $b=2$。

3.2.6　信息熵理论

1. 信息熵

信息熵 (information entropy, IE)[18]用于解决无序性与信息量的度量问题。其公式为

$$H = -\sum p_i (\log_2 p_i) \tag{3-12}$$

式中，H 表示信息量的大小；p_i 表示各事件发生的概率。

Singh[19]将信息熵理论用于水文学不确定性研究。本书利用信息熵理论分析降水不确定性，用强度熵、分配熵、边际熵等反映降水不确定性。

2. 强度熵

强度熵 (intensity entropy, IE) 用于研究降水天数的年内分配特征。统计全年第 i 月的降水天数 $n_i(i=1,2,\cdots,12)$ 及全年降水总天数 $N = \sum\limits_{i=1}^{12} n_i$，则每月降水天数的概率为 $\dfrac{n_i}{N}$，其强度熵为

$$IE = -\sum \frac{n_i}{N}\left[\log_2\left(\frac{n_i}{N}\right)\right] \tag{3-13}$$

3. 分配熵

分配熵 (apportionment entropy, AE) 用于研究降水量的年内分配特征。统计全年第 i 月的降水量 $r_i(i=1,2,\cdots,12)$ 及全年降水总量 $R = \sum\limits_{i=1}^{12} r_i$，则每月降水量的概率为 $\dfrac{r_i}{R}$，分配熵可表示为

$$AE = -\sum \frac{r_i}{R}\left[\log_2\left(\frac{r_i}{R}\right)\right] \tag{3-14}$$

4. 边际熵

用序列做频率直方图，用各组频率计算作为该序列的边际熵（marginal entropy, ME），可用于度量该序列的信息量。边际熵适用于各种类型的数值序列，可描述不同数据的分配情况。本书分别计算降水量和降水事件的边际熵，用以研究降水量的年际变化情况和各种降水事件的分配情况。将 1961～2005 年各年降水量作为降水量序列，计算相应的边际熵，以研究多年降水量的年际变化情况；将 1961～2005 年日降水量的所有样本升序排列，取日降水量不小于 1 mm 的子样本作为降水事件序列，计算相应的边际熵，以研究不同降水事件的分配情况。

5. 无序指数

无序指数（disorder index, DI）用于研究降水的不确定性，其定义如下：

$$无序指数（DI）=最大可能熵值-实际熵值$$

全部事件发生概率均等时，信息熵达到最大值（如强度熵与分配熵最大可能熵值为 3.5850，即 $\log_2 12$）。最大熵值表达的信息量最大，故最大熵值与实际熵值的差值定义为无序指数，可用于表示降水的无序性。本书用强度熵（IE）、分配熵（AE）、边际熵（ME）分别定义强度无序指数（intensity disorder index, IDI）、分配无序指数（apportionment disorder index, ADI）、边际无序指数（marginal disorder index, MDI）。

3.3　淮河流域降水时空分布特征研究

3.3.1　年尺度时空分布特征分析研究

1. 降水结构总体特征分析

1）总体特征

为了反映淮河流域总体降水结构特征，本书中定义的基本降水指标包括年总降水量（ATP）、年总降水日数（ATD）、年最长连续降水量（MCP）、年最长连续降水日数（MCD）、最长连续无降水日数（NCD）、年平均降水强度（ATI）、年平均降水历时（WPA）、不同强度降水日数、不同降水历时日数，各指标定义见表 3-1。

淮河流域降水结构的总体特征是：近 50 年的年总降水量（ATP）平均为 826.16 mm，呈增加趋势，增幅为 1.2 mm/10a；年总降水日数（ATD）多年平均为 64.65d，平均每 10 年增加 0.8d；年最长连续降水量（MCP）为 82.11 mm，平均每 10 年增加 1.17 mm；近 50 年平均最长连续降水日数（MCD）为 5.07d，平均每 10 年增加 0.05d；年最长连续无降水日数（NCD）为 36.83d，平均每 10 年增加 0.5d。

表 3-1　　淮河流域降水结构指标

降水结构指标名称	指标含义	单位
ATP	年总降水量	mm
ATD	年总降水日数	d
MCP	年最长连续降水量	mm
MCD	年最长连续降水日数	d
NCD	最长连续无降水日数	d
不同强度降水日数	小雨日数、中雨日数、大雨日数、暴雨日数	d
不同降水历时日数	每次连续降水 1 d、2 d、3 d、4 d、5 d、6 d、7 d、8 d、9 d、10 d、11 d、12 d、13 d、14 d、15 d 的日数	d
ATI	年平均降水强度	mm/d
WPA	年平均降水历时	d

从利用反距离权重法 [式 (3-10) 和式 (3-11)] 得到的空间分布 (图 3-4, 其中向下的三角形代表下降趋势的站点, 正三角形代表上升趋势的站点, 黑色实心正三角形、黑色实心倒三角形表示通过显著性检验的站点) 上看, 在流域南部、西南部淮河水系 MCP、ATP 均有显著上升趋势; 在沂沭泗水系 NCD 表现出显著上升趋

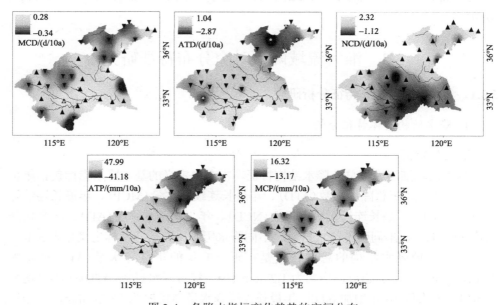

图 3-4　各降水指标变化趋势的空间分布

势；在流域东北部 MCD、ATD 却表现出显著的下降趋势。综上，淮河流域连续降水历时缩短但连续降水量增加导致降水强度增大，洪灾风险加剧。在流域北部连续无降水日数显著增加，而连续降水日数和年总降水量均下降，使沂沭泗水系旱灾风险加剧。由以上分析可以看出，淮河流域降水总量与降水日数均呈下降趋势，但以降水日数显著下降为主要特征，从而导致淮河流域整体降水强度增加。因此，淮河流域干旱风险增加，其中淮河流域东北部干旱风险增加尤为明显，该区域农业布局主要以小麦、玉米、大豆、油菜等旱作物为主，在作物需水关键期受旱影响较大的作物如大豆、玉米等的产量可能会受到较大影响，建议这些地区的主要作物调整为受旱影响较小的作物。另外，流域西北部降水日数显著减少，而降水强度显著增加，从而导致该区域洪旱灾害风险均增加，易出现洪旱急转现象。从上述降水指标变化来看，流域西南部洪旱灾害风险最低。

2) 不同历时降水事件的发生率及对总降水量的贡献率

由图 3-5 可以看出，淮河流域以短历时 (1～3d) 降水为主，其中历时为 1d 的降水事件发生率最高，约占总降水次数的 58%，而历时不小于 7d 的降水次数仅占总降水次数的 0.54%。从不同历时降水事件对总降水量的贡献来讲，降水历时为 2d 的降水事件对总降水量的贡献率最大，为 33%，降水历时为 1d 与 3d 的降水事件次之，降水历时为 1～2d 的贡献率约为 62%，占总降水量的主要部分。

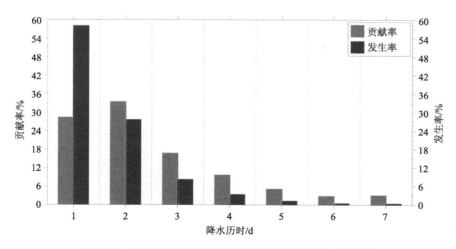

图 3-5 淮河流域不同历时降水事件的发生率与贡献率

3) 不同历时降水事件的发生率及对总降水量贡献率的年际变化

淮河流域所有站点的年降水数据经标准化处理和五年滑动平均法处理后如图 3-6 和图 3-7 所示。从图 3-6 可以看出，20 世纪 90 年代以前，降水历时逐渐缩短，1975 年以后，降水事件中由长历时降水事件 (4～7d) 占比最高逐渐转为以短历时降水事件(1~4d)为主。另外，从图3-6还可以看出，自1990年以后，降水历时有所回升，但仍以短历时降水为主，3d历时的降水事件发生率最高。由图3-7可知，不同历时降水事件降水量对总降水量的贡献率，是一个由长历时降水事件贡献率最大到以短历时降水事件贡献率最大的变化过程，尤其在1985年变化最为明显，这一结果与黄河流域降水过程研究结果相一致。这是黄河流域与淮河流域主要受同一季风变化影响所致。上述研究结果表明，淮河流域正在经历一个降水历时缩

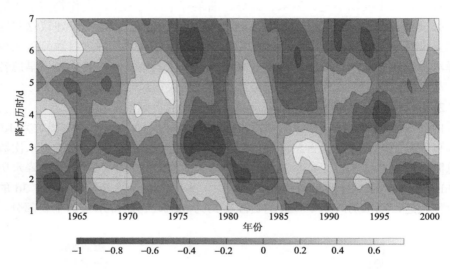

图3-6　淮河流域不同历时降水事件发生率的年际变化

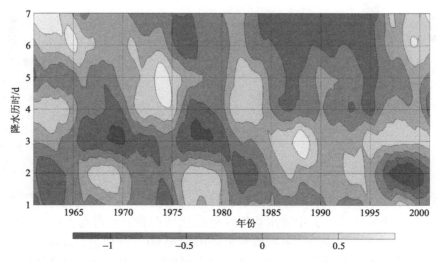

图3-7　淮河流域不同历时降水事件降水量对总降水量贡献率的年际变化

短，且短历时降水的降水量对年总降水量贡献增大的过程。这一变化将进一步增加淮河流域短历时洪水及长历时干旱的灾害风险。淮河流域的水资源管理与农业灌溉管理将面临更加严峻的考验，亟须科学合理的水资源管理、水资源配置及农业灌溉的有效管理。

4）不同历时降水事件的发生率及对总降水量贡献率变化的空间格局

利用式（3-1）和式（3-2）的 Mann-Kendall 非参数检验法对各个站点降水事件的发生率和贡献率的变化趋势进行分析，结果见图 3-8 和图 3-9。由图 3-8 可以看出，历时为 1～2d 的降水事件的发生率呈上升趋势，呈上升趋势的站点有 24 个，占总站点数的 67%，通过显著性检验的站点有 5 个（置信水平为 95%，下同），占总站点数的 13.9%。呈上升趋势的站点主要分布于流域东北部，在流域西部与西南部也有零星分布。历时为 3～4d 的降水事件的发生率以下降趋势为主，67%的站点呈下降趋势，13.9%的站点呈显著下降趋势。由图 3-8 还可以看出，呈下降趋势的站点主要分布于流域东北部。而历时为 5～6d 以及大于等于 7d 的降水事件的发生率变化不显著，且呈下降趋势的站点主要分布于流域东北部区域。图 3-9 显示了淮河流域不同历时降水贡献率趋势变化的空间特征。对比图 3-8 与图 3-9，两者显示的空间分布特征相似，在此不再详述。上述结果进一步表明，淮河流域东北部短历时洪水及长历时干旱的风险增大，与前文研究结果相互印证。

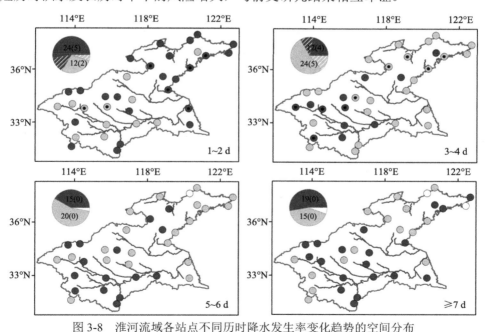

图 3-8　淮河流域各站点不同历时降水发生率变化趋势的空间分布

深色圆形代表上升趋势，浅色圆形代表下降趋势，有黑色实点的圆形代表具有显著趋势（置信水平为 95%），白色空心圆形表示无趋势变化

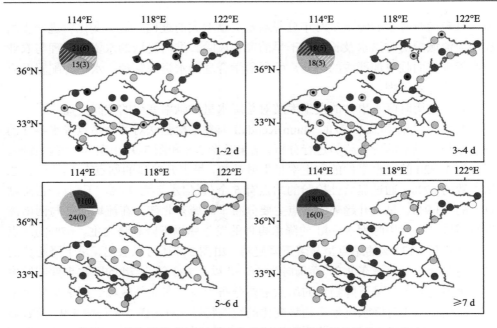

图 3-9　淮河流域各站点不同历时降水贡献率变化趋势的空间分布

深色圆形代表上升趋势，浅色圆形代表下降趋势，有黑色实点的圆形代表具有显著趋势（置信水平为95%）

　　另外，淮河流域东北部短历时(1~2d)降水的发生率和贡献率呈现较为显著的上升趋势，而中长历时(不少于3d)降水的发生率和贡献率则呈现下降的趋势。淮河流域东北部，即山东诸河流域地区的降水历时变短，这与图3-8表现的规律一致。该地区降水主要为短历时降水，而中长历时降水事件较少，可能给需水量较大的农业灌溉、蓄水工程等带来考验。然而，对于淮河干流地区，短历时(1~2d)降水的发生率和贡献率呈现下降趋势，长历时(不少于5d)降水的发生率与贡献率则更多地表现为上升趋势，将加剧这些地区的洪灾风险并加大下游的防洪压力。对欧洲地区降水历时的研究结果显示，欧洲地区近几十年来长历时降水的发生率与贡献率上升。这进一步说明降水气候变化存在明显的区域差异。

　　5) 强降水事件变化特征

　　图 3-10 中数字表示 1961~2005 年共 45 年内淮河流域各站点的强降水天数(降水量大于 50 mm/d 的降水天数)。由图 3-10 可以看出，淮河流域中强降水天数最多的地区主要为淮河流域南部、淮河干流上游部分，其次为淮河流域东南地区和淮河干流下游。这些地区站点的强降水天数多为 150d 以上，淮河流域西南部的信阳站强降水天数最多，为 180d；淮河东北部的龙口站强降水天数最少，为 66d。强降水天数占总降水天数的比例最高的站点位于淮河东部，最高为 6.05%；强降水天数占总降水天数的比例最低的站点在淮河西南部，最低为 2.79%。

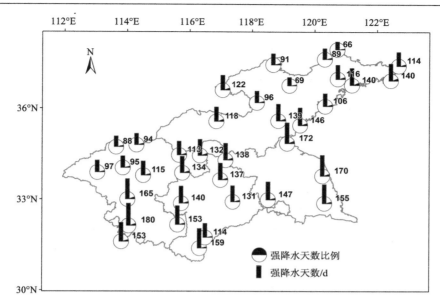

图 3-10　淮河流域强降水天数、强降水天数占总降水天数的比例的空间分布

强降水事件是引起洪灾的重要因素。从图 3-10 可以看出，强降水天数最多的地区主要为淮河西南部上游地区和淮河东南部下游地区，强降水天数最少的地区为淮河东北部地区和淮河西北部地区，强降水天数主要空间变化为由南向北减少，这与淮河流域降水量分布规律相近，反映淮河流域南部面临暴雨洪灾的风险较大。

2. 时间变化

从年际变化(图 3-11)上看，淮河流域多年平均年降水量变化幅度不大，但年际波动较大，1966 年降水量最小，为 511 mm，2003 年最大，达到 1284 mm；在年代际尺度上，大致呈"高—低—高"的年代际波动变化。年降水量累计距平值整体上呈现下降的变化趋势，进入 21 世纪之后累计距平才有上升趋势。

3. 空间变化

淮河流域降水量的空间分布总体上具有南多北少、山区多平原少、沿海多内陆少的特点(图 3-12)。来自西南部孟加拉湾的气流和来自西太平洋副高南侧的气流常年以固定的方式向淮河流域输送水汽。流域全年的降水量多集中在淮河水系，其年降水量在 750 mm 以上，而流域北部的沂沭泗水系和山东沿海诸河的年降水量在 600 mm 以下。此外，淮河水系年降水量呈逐年上升的趋势，尤其是淮河上游的增长幅度较大，霍山、阜阳、蚌埠、西华的降水倾向率均超过了 20 mm/10 a，分别达到了 27.6 mm/10 a、34.8 mm/10 a、28.5 mm/10 a、26.4 mm/10 a。流域东北部、山东沿海诸河等地的年降水量呈下降趋势，特别是日照、海阳的降水倾向率分别达到了–36.1 mm/10 a、–33.8 mm/10 a，并且通过了置信度为95%的显著性检验。

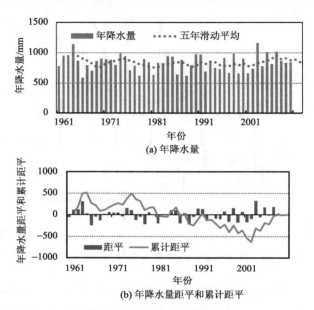

图 3-11　年降水量时间变化

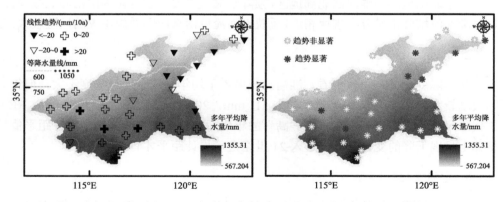

图 3-12　淮河流域各站点多年平均年降水量分布及 Mann-Kendall 非参数检验

3.3.2　基于信息熵的淮河流域降水变化特征研究

1. 年降水量的时间变化

图3-13表示利用式(3-12)计算得到的淮河流域各站点不同尺度下多年降水量的边际无序指数统计，用以分析不同尺度下降水量的年际变化特征。从图3-13可

以看出，大部分站点的年降水量序列都表现出较小的边际无序指数。对于大部分站点，除夏季外，其余各季及各月降水量的边际无序指数一般都比年降水量的边际无序指数大。这说明年尺度降水量的年际变化一般比季节尺度或月尺度降水量的年际变化小。

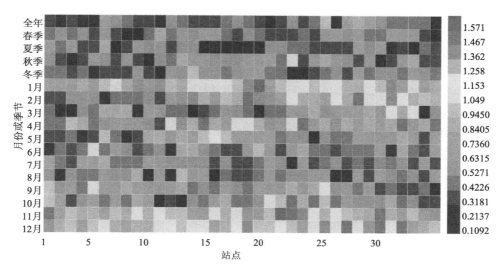

图 3-13　淮河流域各站点不同尺度下多年降水量的边际无序指数

2. 年降水量变化的空间差异

图 3-14(a) 表示淮河流域各站点全年降水量的边际无序指数的空间分布。图 3-14(b) 表示各站点年降水量的空间分布。从图 3-14(a) 中可以看出，流域西南部地区表现出较小的边际无序指数；流域北部部分地区，尤其是流域东北部地区，表

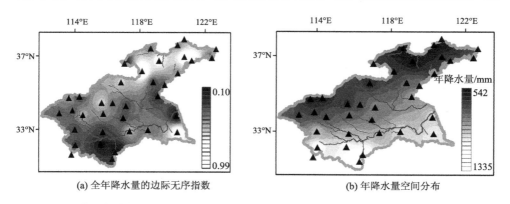

图 3-14　淮河流域各站点全年降水量的边际无序指数空间分布图和年降水量空间分布图

现出较大的边际无序指数。而从各站点年降水量的空间分布图[图 3-14(b)]中可以看出，流域北部地区，尤其是流域东北部地区，降水量均较小。因此，可以推测年降水量较小的地区其年降水量的年际变化较大。

3. 降水年内分配的时间变化特征

本小节利用式(3-13)和式(3-14)分别计算强度无序指数与分配无序指数，以研究淮河流域降水年内分配特征。图 3-15 为淮河流域各年分配无序指数与强度无序指数的统计图。从图中可以看出，分配无序指数的多年平均值比强度无序指数的多年平均值大，而各年的分配无序指数也比相应年份的强度无序指数大。分配无序指数与强度无序指数具有相似的年际变化特征，1985～1990 年为降水年内分配差异较小的时期，而 1961～1965 年是降水量年内分配不均匀性较大的时期，降水年内分配不均可能导致洪涝及干旱灾害的风险增加，由此可以判断该时期发生洪涝及干旱灾害的可能性较大。降水天数与降水量年内分配不均匀的年际变化特征相似，说明降水天数与降水量年内分配情况密切相关。

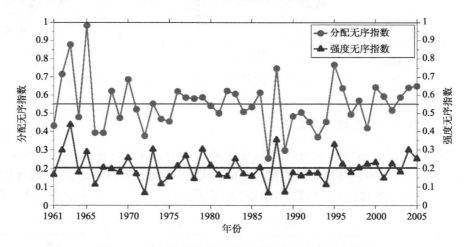

图 3-15　淮河流域各年分配无序指数与强度无序指数

浅色实线表示分配无序指数多年平均值，深色实线表示强度无序指数多年平均值

4. 降水年内分配的空间变化特征

图 3-16 分别为分配无序指数和强度无序指数的空间分布图以及各站点降水对总降水贡献率的空间分布图。从图 3-16 中可以看出，流域分配无序指数呈现明显的从流域南部到北部逐渐增大的空间分布规律，说明流域北部地区存在较为明显的年内分配不均的特征；而从各站点的降水量对流域总降水量的贡献率可以看

出，降水量所占比例呈现明显的从南部到北部逐渐减小的特征，故降水量较小的地区其降水量的年内分配更不均匀。从强度无序指数的空间分布图以及各站点降水天数对总降水天数贡献率的空间分布图可以看出，降水天数与降水量年内分配不均匀的空间分布特征相似。

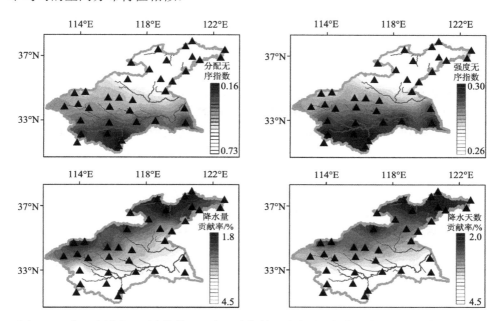

图 3-16　淮河流域分配无序指数、强度无序指数、降水量贡献率和降水天数贡献率分布图

3.3.3　季节尺度降水时空分布特征研究

1. 时间变化

淮河流域降水年内分配不均匀，具有明显的季节变化特征。从表 3-2 可以看出，淮河流域一年中的降水主要集中在夏季（6～8 月），夏季降水量的年际变化与年降水量的年际变化相似，由于 6～8 月是淮河流域的主汛期，故夏季降水量是决定当年是否发生旱涝的主要因素。春（3～5 月）、秋（9～11 月）两季降水量相差不大，冬季（12 月～次年 2 月）降水量最少，春、夏、秋、冬四季降水量占全年降水量的比例分别为 19%、55%、19% 和 7%。另外，可以看出，20 世纪 80 年代春季降水量显著减少，秋季降水量显著增加，夏季和冬季降水量变化不大。进入 21 世纪后，四季降水量分配差异较为明显，特别是夏季和冬季降水量均明显增多，值得一提的是夏季降水量较 20 世纪末增加了近 17%；而秋季和春季降水量则有不同程度地下降，但下降程度较 20 世纪末均小于 10%。

表 3-2　各年代四季平均降水量 （单位：mm）

年代际	春季	夏季	秋季	冬季
1961~1970	167.35	453.31	186.51	49.96
1971~1980	167.64	453.43	158.18	57.17
1981~1990	144.24	432.20	176.29	56.60
1991~2000	164.35	435.52	153.91	57.57
2001~2010	158.63	507.79	138.99	67.68

春季降水量在 1963 年、1965 年、1968 年、1970 年、1972 年、1977 年、1979 年、1992 年发生多次转变，在 20 世纪 60 年代至 20 世纪末呈波动性地上升、下降[图 3-17(a1)]，且 20 世纪 80 年代末以后，距平为负所占的组分较之以前有所增多，正距平明显下降，而负距平明显上升[图 3-17(a2)]，累计距平值整体上呈现波动下降的变化趋势，且上升趋势并存，两者不断交替出现。夏季降水量在 1962 年、2002 年发生两次转变，20 世纪 90 年代前呈下降趋势，之后呈持续上升趋势[图 3-17(b1)]，降水累计距平值在 1992 年发生转折，2002 年以后持续上升，20 世纪 80 年代之后降水距平为正所占的组分明显上升[图 3-17(b2)]。秋季降水量在 1967 年、1974 年、1976 年、1978 年、1985 年发生多次转变[图 3-17(c1)]，20 世纪 80 年代末之后秋季降水量呈下降趋势，且 20 世纪 80 年代末之前，距平为正所占的组分较多，而 20 世纪 80 年代末之后负距平所占的组分有所增加，且变化幅度较大，累计距平值整体上呈现出先上升再下降的变化趋势[图 3-17(c2)]。冬季降水量于 1964 年、1984 年发生转变，20 世纪 70 年代末到 20 世纪 90 年代初降水量呈明显下降趋势[图 3-17(d1)]，之后降水量呈波动上升趋势，20 世纪 90 年代以后距平值为负的情况得到了很大程度的改善，距平为正的情况的比重明显增大。

2. 空间变化

淮河流域地处中纬度副热带典型季风气候区，降水量丰沛，但是降水特征表现为年代变化率较大且季节性变化显著。如图 3-18 所示，总体上看，四季降水量的空间分布表现出一致性，降水量南部多北部少，而且除了夏季和冬季大部分站点呈上升趋势外，春秋两季大部分站点均呈下降趋势，这与图 3-17 中分析的结果一致。降水量高值区主要位于淮河流域南部的淮河水系，而降水量分配最少的区域主要位于流域北部山东沿海诸河。另外，降水倾向率沿霍山、六安、信阳、东台一路向北逐渐降低。春季和秋季降水量下降幅度最大的测站分别为霍山站、日照站，其降水倾向率分别为–10.8 mm/10 a、–16.9 mm/10 a；夏、冬季降水量上升幅度最大的站点是阜阳站、霍山站，其降水倾向率分别为 37.0 mm/10 a、12.4 mm/10 a。淮河流域降水的季节分配特点对安排农业生产有益，春、夏季为农作物对水分需求最大的季节，同时也是淮河流域降水最为丰沛的季节。

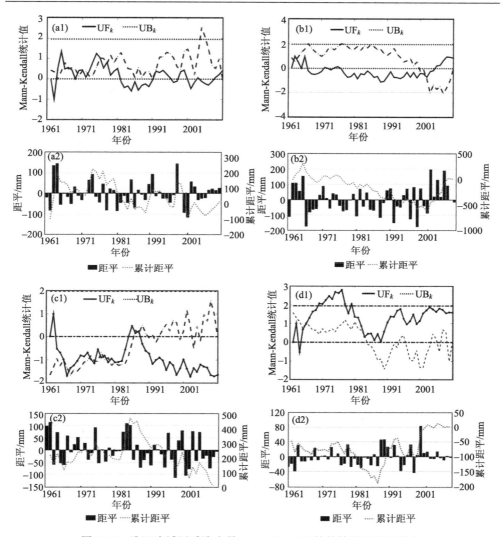

图 3-17　淮河流域四季降水量 Mann-Kendall 趋势检测及距平分布

a-春季；b-夏季；c-秋季；d-冬季

　　此外，对四个季节降水量序列分别作 Mann-Kendall 趋势检测，可以看出，除个别测站降水量序列的变化趋势通过 95% 的显著性水平检验之外，其余测站的变化趋势均未通过显著性检验。值得注意的是，秋季和冬季降水量分别有 7 个和 8 个测站的下降、上升趋势通过置信度为 95% 的显著性检验，约占全流域总测站数的 20% 和 23%。冬季降水量显著上升的站点主要集中在淮河水系的南部。

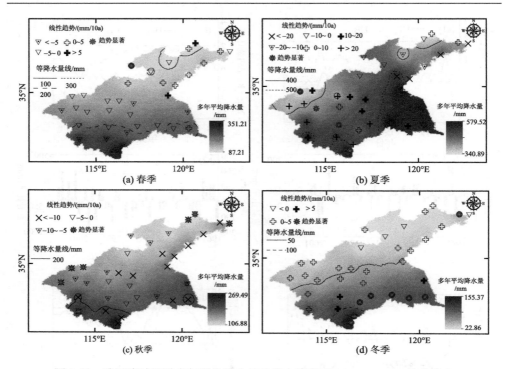

图 3-18　淮河流域四季多年平均降水量及降水量序列 Mann-Kendall 趋势分布

3.3.4　基于信息熵的季节降水时空变化分析

1. 季节降水量的时间变化

从图 3-13 可以看出，对比各季节与各月降水量的无序指数，季节尺度降水量的无序指数要比月尺度降水量的无序指数小，尤其是冬季，冬季及各月均表现出较大的无序指数。而对比各季节无序指数可以看出，夏季降水量的无序指数较小，而冬、春季大部分站点降水量的无序指数都较大。图 3-19 为各季节及各月降水量统计图，从图中可知，相比其他季节，夏季降水量较大，而冬、春季降水量较小。

2. 季节降水量变化的空间差异

图 3-20 为淮河流域各季节降水量边际无序指数的空间分布图。春季边际无序指数较大的地区主要位于流域东南端和流域北端；夏季边际无序指数较大的地区主要位于流域东部，流域西部也有少数站点的边际无序指数较大，而流域中部大部分地区的边际无序指数都较小；秋季边际无序指数较大的地区主要位于流域北部；冬季边际无序指数较大的地区主要位于流域西北端。从图 3-20 中可以看出，

各季节边际无序指数的空间分布规律具有较大的差异。

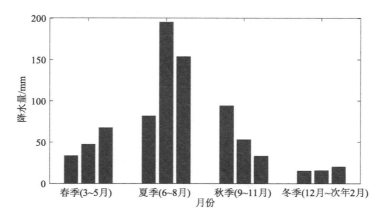

图 3-19　淮河流域逐月降水量统计

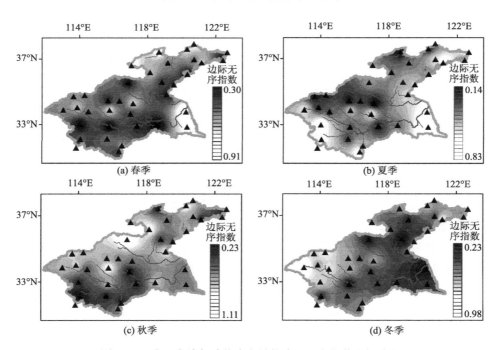

图 3-20　淮河流域各季节降水量的边际无序指数空间分布

3. 不同降水事件的分配情况

图 3-21 为淮河流域各站点年降水事件与各季节降水事件的边际无序指数统

计图。从图中可以看出，全年的边际无序指数在不同站点的差异较小，而各季节边际无序指数在不同站点的差异较大。除冬季部分站点的无序指数较大外，对于大部分站点，各季节降水事件的边际无序指数一般都比年降水事件的边际无序指数小。降水量较大的夏季，其大部分站点降水事件具有较小的边际无序指数，而降水量较小的冬季，其很多站点降水事件具有较高的边际无序指数。这说明降水量较小的季节，其降水事件的分配较不均匀。

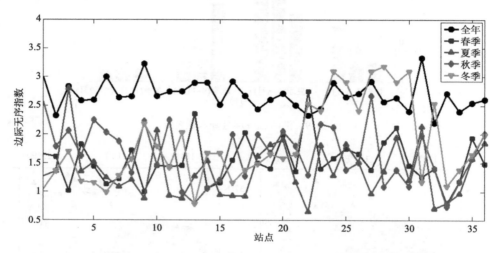

图 3-21　淮河流域各站点年降水事件的边际无序指数与各季节降水事件的边际无序指数

　　图 3-22（a）～（d）分别表示春季、夏季、秋季、冬季降水事件边际无序指数的空间分布图。从图中可以看出，降水量较大的夏季，除流域西南部少数站点（如信阳站）的边际无序指数较大外，其余大部分站点降水事件的边际无序指数均较小；降水量较小的冬季，降水事件的边际无序指数则表现出明显的空间分布规律，冬季流域西南部的边际无序指数较小，而流域东北部边际无序指数则较大；流域春季和秋季的边际无序指数没有表现出明显的空间分布规律。各季节降水事件边际无序指数的空间分布规律具有较大的差异。

3.3.5　月尺度降水时空分布特征研究

1. 基本特征分析

　　图 3-23 为淮河流域 12 个月的降水量空间分布，可以看出，除个别测站外，全流域大部分地区 12 月、1 月的降水量均小于 40 mm；从 2 月开始，流域南部及淮河水系降水量首先上升，月降水量达到了 40 mm 以上，20 mm 等降水量线北上，40 mm 等降水量线主要位于流域南部和淮河上游；3 月，流域南部淮河水系大部

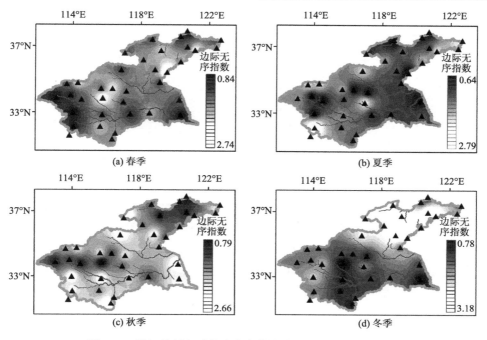

图 3-22　淮河流域各季节降水事件的边际无序指数空间分布

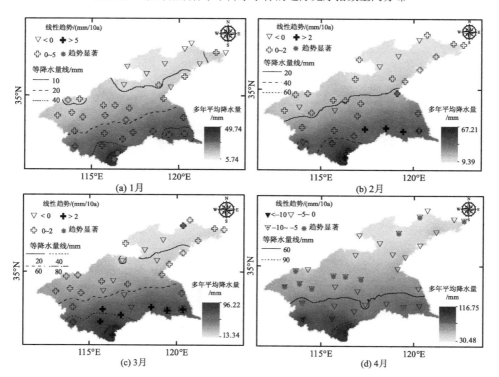

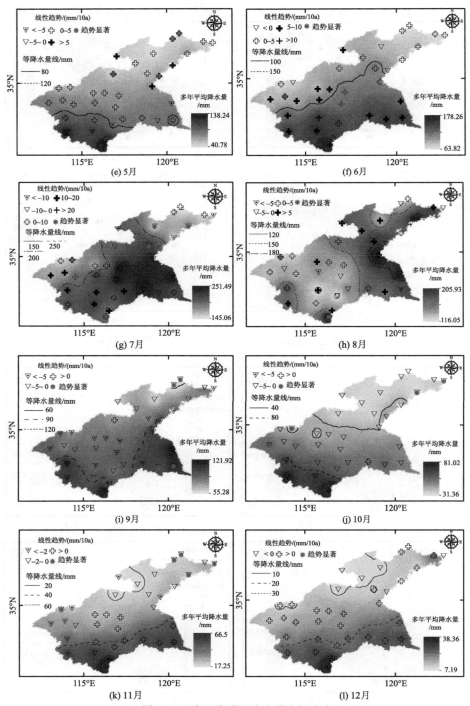

图 3-23　淮河流域月降水量空间分布

分测站的月降水量已超过 40 mm；4 月，流域南部淮河水系大部分测站的月降水量已超过 60 mm，12 月、1 月的 20 mm 等降水量线位置已经被 60 mm 等降水量线代替，而 40 mm 等降水量线位置已经被 90 mm 等降水量线代替；5 月，80 mm 等降水量线北移，淮河水系上游大部分地区的月降水量均超过了 80 mm；6 月，大部分站点的月降水量增加迅速，近半数站点的年增长趋势超过 5 mm/10 a；7、8 月，淮河流域月降水量普遍超过 100 mm，迎来了淮河流域的雨季，各测站降水量普遍增多，7 月降水量达到最大值，流域中东部的沂沭泗水系出现高于 200 mm 的月降水量；9 月开始，降水量明显减少，之前的 150 mm 等降水量线位置被 90 mm 等降水量线代替；10 月，降水量持续减少，仅流域西南部极少数站点的月降水量超过 80 mm；12 月，流域大部分区域的月降水量减少至 40 mm 以下。各月份中，6 月的降水量相差梯度最大。

另外，降水量整体呈上升趋势，4 月、9 月、10 月降水量呈下降趋势，其余月份只有个别测站降水倾向率为负。降水倾向率呈显著变化的测站主要集中在淮河水系南部及山东沿海诸河。

2. 基于信息熵的特征分析

1) 月降水量的时间变化

从图 3-13 可以看出，月尺度降水量的无序指数比季节尺度或年尺度降水量的无序指数要大，说明月降水量的年际变化比季节或年降水量的年际变化更大。各月降水量的边际无序指数差异较大，从图中可以看出，6 月、7 月、8 月大部分站点都表现出较小的边际无序指数；11 月、12 月、1 月大部分站点都表现出较大的边际无序指数。6 月、7 月、8 月为淮河流域降水量较大的月份，而 11 月、12 月、1 月则为淮河流域降水量较小的月份。这说明降水量较小的月份，其降水量的年际变化可能较大。

2) 月降水量变化的空间差异

图 3-24 为淮河流域 1～12 月降水量边际无序指数的空间分布图。从图中可以看出，各月无序指数没有表现出统一的空间分布规律。降水量较小的月份(如 11 月、12 月、1 月、2 月)边际无序指数较大的地区主要位于流域北部；而降水量较大的月份(如 7 月、8 月)流域大部分地区的站点边际无序指数都较小。各月降水量年际变化的空间分布规律具有较大的差异。

3. 降水年内分配与极端降水量的关系

图 3-25 为淮河流域各站点分配无序指数与相应站点的年最大 7 日降水量的相关系数的空间分布图，以研究降水年内分配情况与极端降水的关系。从图中可以看出，大部分站点的分配无序指数与相应站点的年最大 7 日降水量都有较高的线

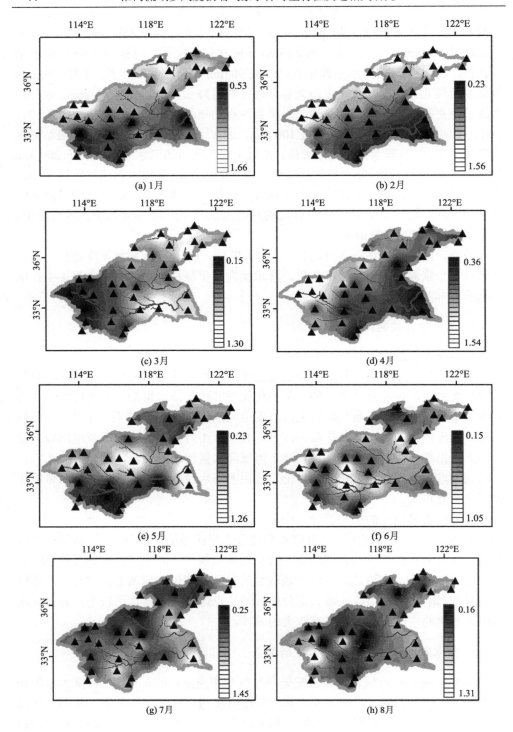

(a) 1月　　　　　　　　　　　　　　　(b) 2月

(c) 3月　　　　　　　　　　　　　　　(d) 4月

(e) 5月　　　　　　　　　　　　　　　(f) 6月

(g) 7月　　　　　　　　　　　　　　　(h) 8月

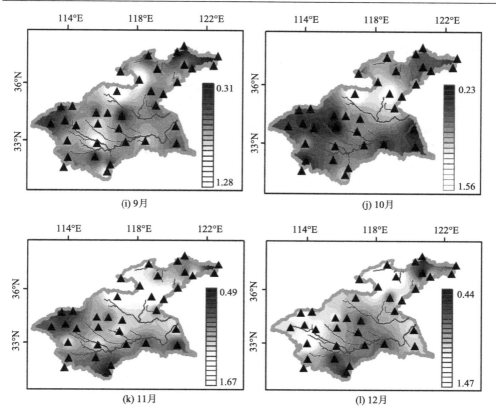

图 3-24　淮河流域 1～12 月降水量边际无序指数的空间分布图

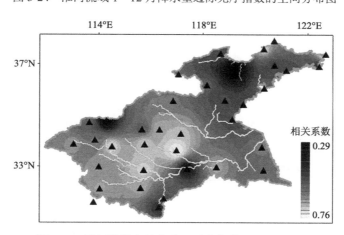

图 3-25　淮河流域各站点分配无序指数与相应站点的
年最大 7 日降水量的相关系数

性相关系数,部分站点的相关系数超过了 0.7,表现出强相关关系,以流域中部部分站点的线性相关关系最为明显。这反映了降水量月份分配越不均匀,其极端降水量可能越大,该地区面临洪灾的风险也会加大。

　　图 3-26 为淮河流域各站点分配无序指数和强度无序指数的变化趋势图。图中实心灰圆形表示具有上升趋势的站点,实心黑圆形表示具有下降趋势的站点,有黑色点的圆形表示显著趋势(置信水平为 95%),趋势检验方法为 Mann-Kendall非参数检验法。可以看出,两者变化趋势的空间分布较为相似,分配无序指数呈上升趋势的站点有 19 个,占总站点数的 53%,其中通过显著性检验的有 1 个,占总站点数的 2.8%;呈下降趋势的站点有 17 个,占总站点数的 47%,其中通过显著性检验的有 1 个,也占总站点数的 2.8%。流域西部大部分站点分配无序指数主要呈上升趋势,而流域东部大部分站点主要呈下降趋势。强度无序指数呈上升趋势的站点有 20 个,占总站点数的 56%,其中通过显著性检验的有 5 个,占总站点数的 13.9%;呈下降趋势的站点有 14 个,占总站点数的 39%,其中通过显著性检验的有 1 个,占总站点数的 2.8%。流域西部大部分站点强度无序指数主要呈上升趋势,流域西部与中部部分站点表现出显著的上升趋势,而流域东部大部分站点主要呈下降趋势。这反映了流域西部降水天数与降水量分配不均的情况有可能加剧。以上研究可以反映降水年内分配不均可能导致极端降水量的上升,该地区面临洪灾的风险也可能增加。

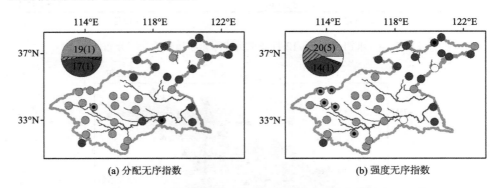

(a) 分配无序指数　　　　　　　　　　　　(b) 强度无序指数

图 3-26　淮河流域各站点分配无序指数和强度无序指数的变化趋势

实心灰圆形表示上升趋势的站点;实心黑圆形表示下降趋势的站点;有黑色点的圆形表示显著趋势(置信水平为95%),白色空心圆形表示无趋势变化

3.3.6　降水空间模态的时空演变特征研究

1. 四季降水序列旋转经验正交分解

　　本小节采用 REOF 方法分析淮河流域各季节降水量的时空分布特征。表 3-3

为前五个主成分方差贡献率和累计方差贡献率。按照主成分累计方差贡献率超过50%并且能代表降水变化主要特征的原则,本书采用前三个主成分空间模态分析春季、秋季、冬季降水量的精细时空分布结构,而对夏季降水量则采用前四个主成分空间模态进行分析。

表3-3 四季降水序列旋转经验正交分解前五个主成分方差贡献率和累计方差贡献率(单位:%)

季节	累计方差贡献率	主成分序号				
		1	2	3	4	5
春季	83.89	39.35	18.99	11.13	9.24	5.18
夏季	72.54	18.98	16.42	13.99	12.19	10.96
秋季	81.46	37.89	16.69	14.52	6.31	6.05
冬季	90.14	37.15	22.94	14.34	9.15	6.56

2. 春季降水

图 3-27(a)为淮河流域春季降水量 REOF 分析的第一模态空间结构,第一模态高值区主要位于沂沭泗水系的徐州、砀山一带,春季降水量 REOF 分析的第一模态时间系数变化在 20 世纪 70~80 年代发生多次转变[图 3-27(d)],1990~2005年存在 4~8 年的显著周期(图 3-28);春季降水量 REOF 分析的第二模态空间结构如图 3-27(b)所示,高值区主要位于淮河水系的南部地区,最大值中心位于宝丰、六安一带,1962 年、1974 年、1985 年、1992 年发生多次转变,表现为波动下降趋势,20 世纪 90 年代末以后,时间系数小于0的组分明显上升,利用式(3-4)~式(3-8)的小波分析,1990~2005 年存在 4~6 年的显著周期(图 3-28);春季降水量 REOF 分析的第三模态高值区主要位于流域东北部山东沿海诸河[图 3-27(c)],1961~2010 年整体时间序列上,时间系数在 2006 年发生转变,进入 21 世纪后,时间系数大于0的组分明显上升,1970~1980 年存在 6 年左右的显著周期,1985~1990 年存在一个 3 年左右的显著短周期(图 3-28)。

3. 夏季降水

图 3-29(a)为淮河流域夏季降水量 REOF 分析的第一模态空间结构,第一模态高值区主要位于淮河水系一带,最大值中心位于淮河水系上游以南地区,特别是霍山、六安一带,夏季降水量 REOF 分析的第一模态时间系数整体变化趋势不明显,在进入 21 世纪后,时间系数为正的组分所占比例有很大提高[图 3-29(e)],1982~1986 年存在一个 8 年左右的显著长周期(图 3-30);夏季降水量 REOF 分析的第二模态空间结构如图 3-29(b)所示,高值区主要位于流域西部地区,最大值

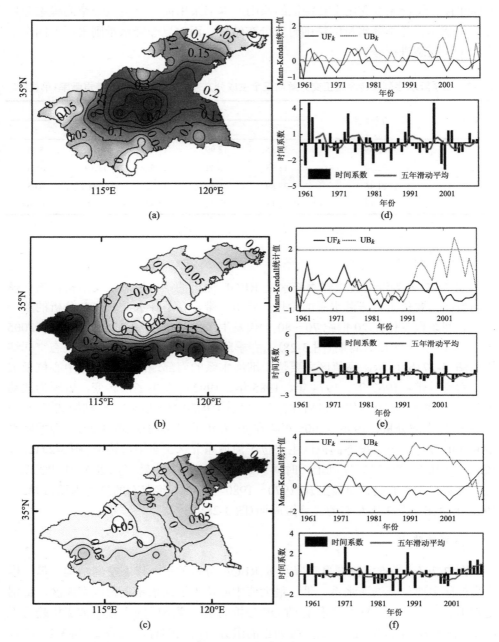

图 3-27　淮河流域春季降水量 REOF 分析前三个空间模态分布、Mann-Kendall 检测及时间系数趋势变化

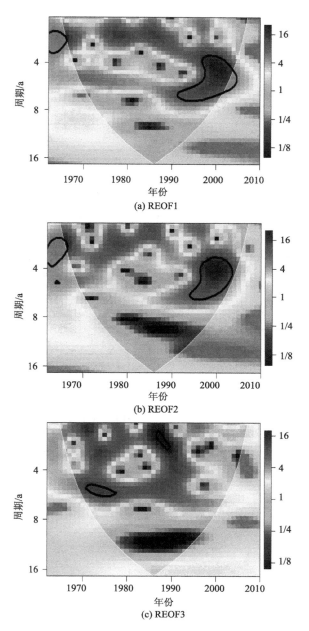

图 3-28 淮河流域春季降水量 REOF 分析前三个空间模态时间系数连续小波变换

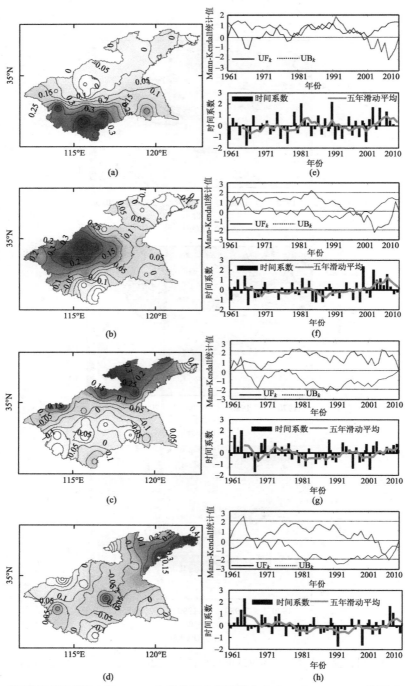

图 3-29　淮河流域夏季降水量 REOF 分析前四个空间模态分布、Mann-Kendall 检测及时间系数趋势变化

中心位于安徽阜阳、亳州一带，时间系数总体呈波动下降趋势，20 世纪 90 年代以后，时间系数大于 0 的组分明显上升 [图 3-29(f)]，1995~2002 年存在 3~4 年的显著周期(图 3-30)；夏季降水量 REOF 分析的第三模态空间结构如图 3-29(c) 所示，高值区位于流域北部地区，最大值中心位于山东半岛济南、潍坊一带，时间系数呈显著下降趋势，1997~2002 年存在 3~4 年的显著周期(图 3-30)；夏季降水量 REOF 分析的第四模态空间结构如图 3-29(d) 所示，与第三模态相似，高值区位于流域北部地区，最大值中心位于山东半岛威海一带，时间系数呈显著下降趋势，1998~2001 年存在 2~3 年的显著周期(图 3-30)。

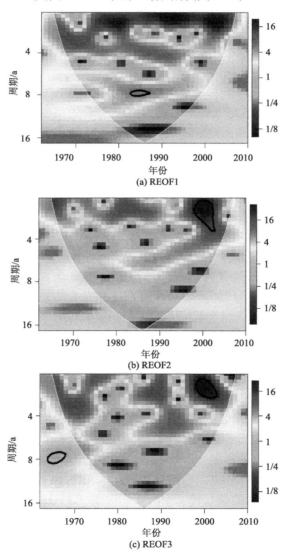

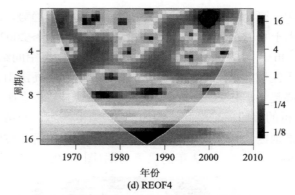

图 3-30　淮河流域夏季降水量 REOF 分析前四个空间模态时间系数连续小波变换

4. 秋季降水

图 3-31（a）为淮河流域秋季降水量 REOF 分析的第一模态空间结构，第一模态高值区主要位于流域西部地区，最大值中心位于河南的西华、商丘一带，秋季降水量 REOF 分析的第一模态时间系数变化在 20 世纪 70 年代发生转变，降水量呈下降趋势，20 世纪 80 年代末以后时间系数为负的组分得到很大提高［图 3-31（d）］，而且时间系数在 1985～1990 年有 9～11 年的显著长周期，在 1995～2004 年有 3～4 年的显著短周期（图 3-32）；秋季降水量 REOF 分析的第二模态空间结构如图 3-31（b）所示，最大值中心分别位于日照、莒县测站，且 1990～2003 年（20 世纪 80 年代）存在 4～7 年（10~13 年）的显著周期（图 3-32）；秋季降水量 REOF 分析的第三模态空间结构如图 3～31（c）所示，最大值中心分别位于江苏的高邮、东台、射阳测站，1966～1975 年存在 5 年左右的显著周期（图 3-32）。秋季降水量 REOF 分析的第二模态时间系数及第三模态时间系数均无显著变化，上升趋势与下降趋势并存且不断交替出现。

5. 冬季降水

图 3-33（a）为淮河流域冬季降水量 REOF 分析的第一模态空间结构，第一模态高值区主要位于流域西北部地区，最大值中心位于河南的郑州、宝丰、许昌一带，冬季降水量 REOF 分析的第一模态时间系数变化在 20 世纪 70 年代末发生转变，经历先升高后降低的转变，1991 年、2003 年前后，五年滑动平均出现两个高峰区［图 3-33（d）］，1985～2003 年存在 3～5 年和 10～16 年的显著周期（图 3-34）；冬季降水量 REOF 分析的第二模态空间结构如图 3-33（b）所示，高值区主要位于东北部地区，最大值中心位于日照、青岛、海阳一带沿海地区，20 世纪 80 年代中期发生转变，之后呈上升趋势，时间系数大于 0 的组分明显上升，1978～1980

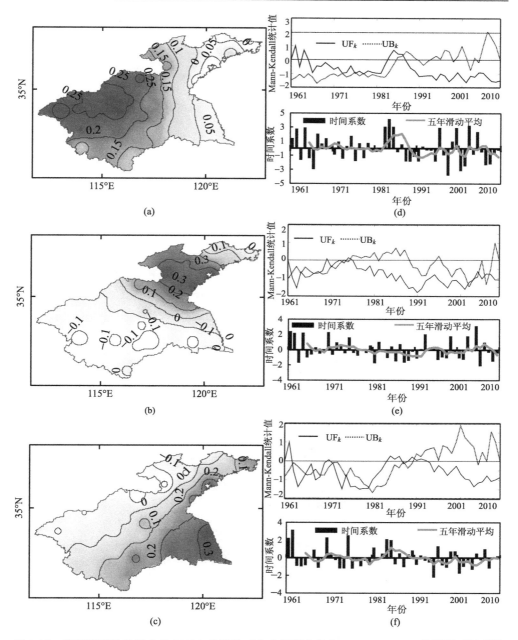

图 3-31 淮河流域秋季降水量 REOF 分析前三个空间模态分布、Mann-Kendall 检测及时间系数
趋势变化

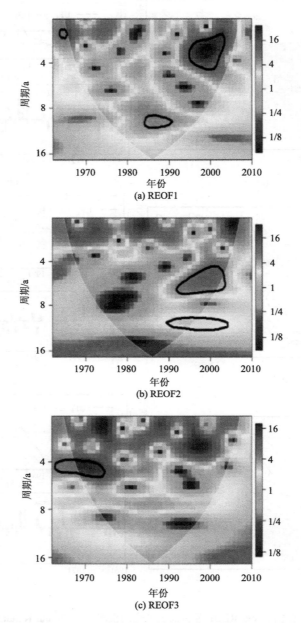

图 3-32　淮河流域秋季降水量 REOF 分析前三个空间模态时间系数连续小波变换

年有 3 年左右的显著短周期,1985~1997 年有一个 9~14 年的显著长周期,1994~
2002 年有 2~5 年的显著周期(图 3-34);冬季降水量 REOF 分析的第三模态空间
结构如图 3-33(c)所示,高值区主要位于流域东南部地区,高值中心区位于寿县、
蚌埠、盱眙一带,20 世纪 80 年代以后有上升趋势,时间系数大于 0 的组分明显
上升,1991~2004 年存在 3~5 年的显著周期(图 3-34)。

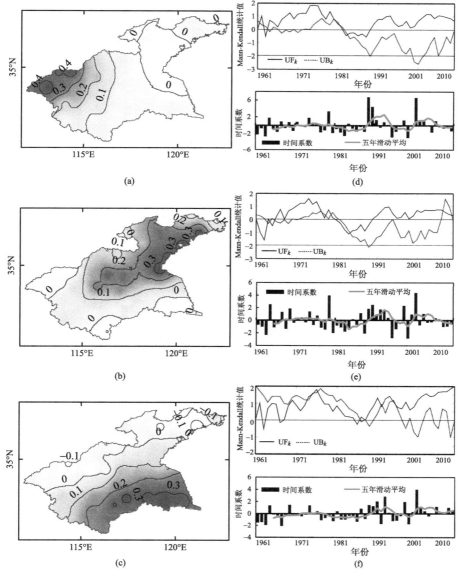

图 3-33　淮河流域冬季降水量 REOF 分析前三个空间模态分布、Mann-Kendall 检测及时间系数
趋势变化

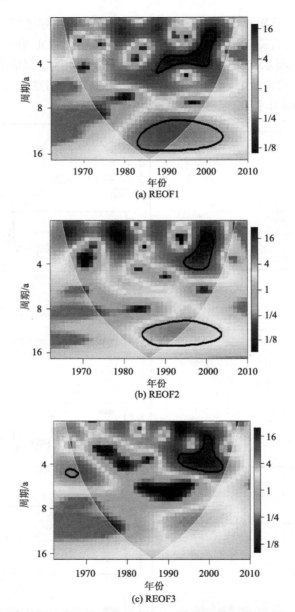

图 3-34　淮河流域冬季降水量 REOF 分析前三个空间模态时间系数连续小波变换

3.4　本章小结

(1)淮河流域的降水过程出现连续降水历时缩短而连续降水量增加的变化特

征，这种变化将导致降水强度增强、径流量增加，从而加剧流域的洪灾风险。而流域北部的连续无降水日数明显增加，连续降水日数、年总降水量却均显著下降，使沂沭泗水系旱灾风险加剧。

(2) 淮河流域多年平均降水量为 826.16 mm，年际变幅不大，降水增幅为 1.2 mm/10 a；淮河流域降水量空间总体上南多北少。流域全年的降水量多集中在淮河水系，尤其是淮河的上游，它是全流域上升幅度最大的地区；而流域东北部、山东沿海诸河等地的年降水量呈逐渐减少的趋势，特别是日照、海阳一带降幅最大。淮河流域降水年内分配不均匀，具有明显的季节变化特征，一年中的降水多集中在夏季，且夏季降水量的年际变化与年降水量的年际变化相似。总体来看，四季降水量的空间分布表现出一致性，降水量南部多北部少，而且除了夏季和冬季大部分站点呈上升趋势外，春秋两季大部分站点均呈下降趋势。南部淮河水系全年四季均是淮河流域降水最为丰沛的地区，而北部山东沿海诸河是降水量分配最少的区域。在月尺度上，除了 8 月之外，其余月份降水倾向率变化及降水量变化均表现为流域南部淮河水系大于流域北部地区。

(3) 在整个时间序列中，淮河流域主要受 3～6 年、8～11 年时间尺度波动变化影响，大、中、小周期振荡交互出现，并出现多重时间尺度上的嵌套，3～6 年为淮河流域降水量的第一主周期。

(4) 冬季所能解释的累计方差贡献率最大，其解离出的各个模态的方差也相应地较其他季节更大，说明冬季降水型集中且降水控制因子较为简单；春季降水第一模态解释方差最大，降水集中在淮河水系一带；夏季降水变化最大的区域与春季类似，位于淮河水系上游一带。夏季较春、秋、冬季的解释方差小，说明夏季降水更加复杂，影响夏季降水的因子也更为多样。

参 考 文 献

[1] Zhang Q, Singh V P, Li J F, et al. Analysis of the periods of maximum consecutive wet days in China[J]. Journal of Geophysical Research: Atmospheres, 2011, 116(D23): D23106.

[2] 徐丽梅, 郭英, 刘敏, 等. 1957 年至 2008 年海河流域气温变化趋势和突变分析[J]. 资源科学, 2011, 33(5): 995-1001.

[3] 郑杰元, 黄国如, 王质军, 等. 广州市近年降雨时空变化规律分析[J]. 水电能源科学, 2011, 29(3): 5-8, 192.

[4] 魏凤英. 现代气候统计诊断与预测技术[M]. 北京: 气象出版社, 1999: 269.

[5] 古丽扎提·哈布肯, 赵景波. 新疆阿勒泰地区近 50 年来极端气温与降水变化[J]. 干旱区资源与环境, 2011, 25(7): 112-116.

[6] 秦艳, 周跃志, 师庆东. 基于气温、降水变化的南疆气候变化分析[J]. 干旱区资源与环境, 2007, 21(8): 54-57.

[7] 邓自旺, 林振山, 周晓兰. 西安市近 50 年来气候变化多时间尺度分析[J]. 高原气象, 1997,

16(1)：81-93.

[8] Karl P. On lines and planes of closest fit to systems of points in space[J]. Philosophical Magazine, 1901, 2(6)：559-572.

[9] Lorenz E N. Empirical orthogonal functions and statistical weather prediction[R]. Science Report 1. Department of Meteorology, Massachusetts Institute of Technology, 1956.

[10] 杨燕明, 潘德炉, 黄二辉. 海洋遥感数据缺值对 EOF 和 REOF 时空分布分析的影响[J]. 台湾海峡, 2008, 27(1)：99-111.

[11] North G R, Bell T L, Cahalan R F, et al. Sampling errors in the estimation of empirical orthogonal functions[J]. Monthly Weather Review, 1982, 110(7)：699-706.

[12] 房林东, 廖卫红, 王明元, 等. 考虑高程的雨量反距离权重插值法研究[J]. 人民黄河, 2015, 37(9)：38-41.

[13] Lu G Y, Wong D W. An adaptive inverse distance weighting spatial interpolation technique[J]. Computers & Geosciences, 2008, 34(9)：1044-1055.

[14] 邓晓斌. 基于 ArcGIS 两种空间插值方法的比较[J]. 地理空间信息, 2008, 6(6)：85-87.

[15] Shepard D. A Two-dimensional Interpolation Function for Irregularly-Spaced Data[C]. Proceedings of the 1968 23rd ACM National Conference. New York: ACM Press, 1968: 517-524.

[16] Watson D F, Philip G M. A refinement of inverse distance weighted interpolation[J]. Geoprocessing, 1985, 2: 315-327.

[17] 曾红伟, 李丽娟, 张永萱, 等. 大样本降水空间插值研究：以 2009 年中国年降水为例[J]. 地理科学进展, 2011, 30(7)：811-818.

[18] Shannon C E. A mathematical theory of communication[J]. Bell System Technical Journal, 1948, 27(3)：379-423.

[19] Singh V P. The use of entropy in hydrology and water resources[J]. Hydrological Processes, 1997, 11(6)：587-626.

第4章 ENSO 对淮河流域降水过程的影响

4.1 资 料 来 源

本章所用的海温资料来源如下：

Niño 1+2 区（0°～10°S，90°～80°W）、Niño 3 区（5°N～5°S，150°W～90°W）、Niño 4 区（5°N～5°S，160°E～150°W）、 Niño 3.4 区（5°N～5°S，170°W～120°W）的海表温度距平资料取自于美国国家海洋和大气管理局（National Oceanic and Atmospheric Administration，NOAA，https://www.ncei.noaa.gov/），水平分辨率为0.25°×0.25°，时段为 1960 年 1 月 1 日至 2010 年 12 月 31 日[1]。

南方涛动指数（southern oscillation index，SOI）取自澳大利亚气象局（Bureau of Meteorology，BOM，http://www.bom.gov.au)[2]。

El Niño Modoki index（EMI）数据来源于日本海洋研究开发机构（Japan Agency for Marine-Earth Science and Technology，http://www.jamstec.go.jp)[3]。

本章定义的降水指标如表 4-1 所示，为了排除微弱降水的影响，以日降水量大于 1 mm 的为降水日。其中，不同强度降水日数以《降水量等级》（GB/T 28592—2012）为标准，24h 连续降水量为 0.1～9.9 mm、10.0～24.9 mm、25.0～49.9 mm、50.0～99.9 mm 分别定义为小雨、中雨、大雨、暴雨。

表 4-1　降水结构指标

指标名称	指标含义	单位
ATP	年总降水量	mm
ATD	年总降水日数	d
MCP	年最长连续降水量	mm
MCD	年最长连续降水日数	d
NCD	最长连续无降水日数	d
不同强度降水日数	小雨日数、中雨日数、大雨日数、暴雨日数	d
不同降水历时日数	每次连续降水 1 d、2 d、3 d、4 d、5 d、6 d 的日数	d

对厄尔尼诺事件的划分，本书参考 Kim 等[4]使用的方法，将 ENSO 事件分为三类：太平洋东部暖（EPW）事件、太平洋中部暖（CPW）事件和太平洋东部冷（EPC）事件。其中，EPW 事件海洋表面增暖区主要位于赤道太平洋东部，CPW

事件海洋表面增暖区主要位于赤道中太平洋，EPC 事件海洋表面温度变冷区主要位于赤道太平洋东部。以 8～10 月海表温度距平指数作为划分三种类型 ENSO 事件的标准，其中，若 Niño 3 区海表温度距平指数大于一个标准差，为 EPW 事件；若 Niño 4 区海表温度距平指数大于一个标准差，而 Niño 3 区海表温度距平指数的变化在一个标准差内，为 CPW 事件；若 Niño 3 区或 Niño 3.4 区海表温度距平指数小于一个负标准差，则为 EPC 事件。

4.2　研　究　方　法

4.2.1　滑动秩和检验

滑动秩和检验法，又称 Mann-Whitney U 检验法，是水文序列变异点检测常用的非参数统计方法之一。该方法计算过程如下[5-7]：

(1) 设定分隔点前后两序列总体的分布函数分别为 $F_a(x)$、$F_b(x)$，从总体 $F_a(x)$、$F_b(x)$ 中分别抽取容量为 n_a、n_b 的两个样本，要求检验原假设 $F_a(x) = F_b(x)$。

(2) 编秩，将两个样本数据按照从小到大依次排列，再将两个样本数据从小到大进行统一编秩，若出现原始数据相同的情况，则应判断相同数据的位置，如果均在同一组不必算平均秩次，如果是在不同组则要计算平均秩次。

(3) 明确检验统计量，样本长度不等时，样本量小的为 n_1，其秩和为统计检验量 T_1，样本量大的为 n_2，其秩和为统计检验量 T_2，样本长度相等时，$n_1 = n_2$。

(4) 计算统计值 U 和相伴概率 p 值并作结论推断。

$$U = n_1 n_2 + \frac{n_1(n_1 + 1)}{2} - T_1 \tag{4-1}$$

或

$$U = n_1 n_2 + \frac{n_2(n_2 + 1)}{2} - T_2 \tag{4-2}$$

若 $n_2 < 8$，则分别用式(4-1)、式(4-2)计算，取其中较小的值作为 U 值，然后，查阅相伴概率表得到 U 值所对应的相伴概率 p 值。

若 $n_2 > 8$，无法查阅相伴概率表，可将正态近似用于 U 的抽样分布来检验，如式(4-3)所示：

$$z = \frac{U - \dfrac{n_1 n_2}{2}}{\sqrt{\dfrac{n_1 n_2 (n_1 + n_2 + 1)}{12}}} \tag{4-3}$$

当相同秩次较多(如个数占总数的 25%以上)时，需求得校正值，即

$$z_c = \frac{z}{\sqrt{1 - \dfrac{\sum (t_i^3 - t_i)}{(n_1 + n_2)^3 - (n_1 + n_2)}}} \tag{4-4}$$

式中，z、z_c 均为统计检验量；t_i 表示序列中出现 i 次的数据个数。

4.2.2　降水异常指数

为了考察不同 ENSO 年淮河流域降水过程、季节降水的变异程度，本书参考张强等使用的方法[8]，同时借鉴降水距平的计算方法，综合提出降水异常指数计算方法[8]：

$$D_{ij} = \left(\frac{\overline{PE_{ij}}}{\overline{PN_{ij}}} - 1 \right) \times 100\% \tag{4-5}$$

式中，$\overline{PE_{ij}}$ 为第 i 站第 j 因素（如降水强度、降水历时等）ENSO 年的平均日数；$\overline{PN_{ij}}$ 为第 i 站第 j 因素（如降水强度、降水历时等）正常年（或者全部年份）的平均日数。其中，显著性检验采用 Mann-Whitney U 检验法。

4.3　不同 ENSO 事件对淮河流域降水结构的影响

4.3.1　不同 ENSO 事件影响下的降水过程变异

图 4-1 表示不同 ENSO 事件影响下的各降水过程指标与正常年份的各降水过程指标的距平变化。从图 4-1 可看出，CPW 年，MCD、MCP 的距平变化幅度较大

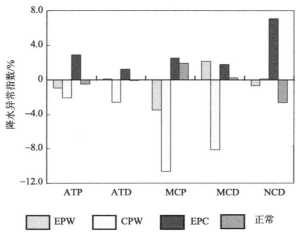

图 4-1　各降水指标异常指数

且为负值，这说明连续降水日数、连续降水量在 CPW 年比正常年份少，但降水总量减少幅度大于降水日数减少幅度，表示平均降水强度减小，增加了旱灾风险；EPC 年，NCD 的异常指数最大，为 7.09%，这表明 EPC 年淮河流域最长连续无降水日数增加，同时也增加了发生旱灾的风险；EPW 年，连续降水日数变长而连续降水量却减少，这对缓解旱灾是非常不利的。因此，在 ENSO 影响下，淮河流域整体上干旱风险增加。

4.3.2　不同 ENSO 事件影响下的降水强度变异

通过不同 ENSO 事件影响下的年平均各降水强度日数与气候学上的年平均各降水强度日数序列对比计算得到的降水强度异常指数见图 4-2，并用式(4-1)～式(4-4)的 Mann-Whitney U 检验法检验其显著性水平。从图 4-2 可以看出，淮河流域小雨和中雨的变异幅度不大，而大雨和暴雨的变异幅度很大，其异常指数达到或者接近±50%。小雨和中雨在 EPC 年的异常指数较其他 ENSO 年大，10 年中有 3 年的小雨变异指数达到了 20%以上。EPC 年对暴雨的影响较大，有 6 年的暴

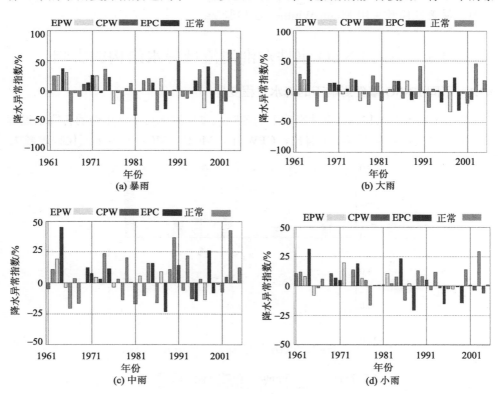

图 4-2　降水强度异常指数

雨异常指数超过了 20%，且在淮河流域发生洪涝灾害的典型年份，如 1964 年、1998 年等，流域的暴雨和大雨异常指数偏高，这种吻合现象能够作为流域洪涝灾害的一种指示。CPW 年，暴雨异常指数在 1991 年达到了极值 49.3%，这一年也正是淮河流域的典型洪灾之年[9]。综上所述，不同 ENSO 事件对淮河流域大雨、暴雨的影响较大，而且这些暴雨、大雨异常指数大的年份，往往伴随着淮河流域洪水的发生。

空间分布(图 4-3)上，CPW 年、EPW 年，淮河水系暴雨、大雨异常指数较大，暴雨、大雨日数比正常年份增多，这增加了淮河水系发生洪灾的风险；而沂沭泗水

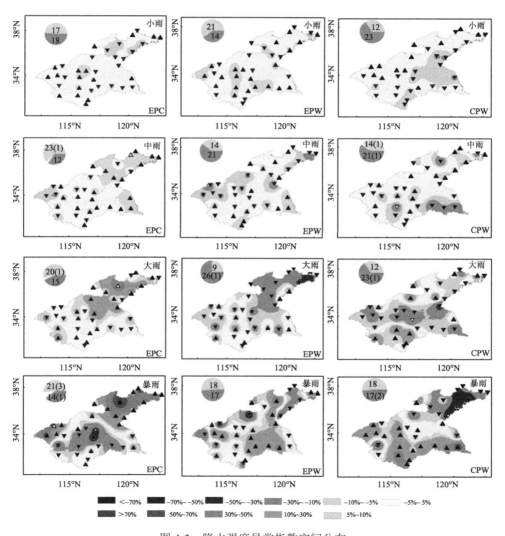

图 4-3　降水强度异常指数空间分布

系北部区域在 CPW、EPW 年的暴雨、大雨日数则比正常年份少，增加了沂沭泗
水系的旱灾风险。与此相反，淮河流域东北部地区在 EPC 年的暴雨日数较正常年
份增多，而流域南部地区的暴雨日数则较正常年份少，这增加了沂沭泗水系洪灾、
淮河水系旱灾的风险。不同 ENSO 事件对小雨、中雨的影响较小，因此流域大部
分区域的小雨、中雨日数与正常年份差异不大，变动幅度小于±10%。综上所述，
CPW、EPW 事件对流域淮河水系的大雨和暴雨的影响较大，CPW、EPW 年淮河
水系往往有洪水发生，如 1963 年、1991 年等；EPC 年淮河流域东北部多有洪灾
发生，如 1964 年、1975 年等。

4.3.3　不同 ENSO 事件影响下的降水历时变异

　　基于式(4-5)，通过不同 ENSO 事件影响下的年平均各降水历时日数与气候学
上的年平均降水历时序列比较计算得到的降水历时异常指数见图 4-4，并用
Mann-Whitney U 检验法检验其显著性水平。结果发现，不同 ENSO 事件对连续 4
日及以上的降水影响较大，异常幅度可以达到±60%。EPC 事件对淮河流域降水
历时的影响最为显著，尤其是连续 6 日降水，10 年中有 5 年的异常幅度超过±50%，
1964 年、1998 年等 EPC 年淮河流域均出现不同程度的洪灾。而在 CPW 事件影响
下，连续 5 日、6 日的降水异常指数极值均为负值，这表明 CPW 年连续 5 日、

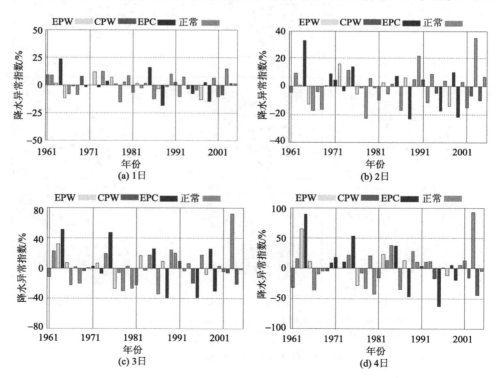

(a) 1日　　(b) 2日　　(c) 3日　　(d) 4日

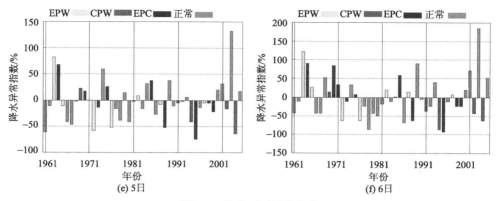

图 4-4　降水历时异常指数

6 日降水较正常年份明显减少，这对缓解区域干旱是不利的。EPW 年，7 年中有 3
年连续 5 日、6 日降水异常指数达到±50%以上。综上所述，EPC 事件对淮河流域降
水历时影响较明显，而且连续降水日数越长，受到的影响越大，EPC 年淮河流域连续
长时间降水事件比正常年份多，在防灾减灾方面要密切关注这种 ENSO 事件。

　　ENSO 事件对区域降水的影响由于地质地貌、土地利用等下垫面性质的不同
而不同。从图 4-5 可以看出，在流域的大部分地区，CPW 年连续 5 日、6 日降水
较正常年份减少，尤其是沂沭泗水系减少得更显著，这也增加了该区域发生旱灾
的风险。EPC 事件影响下，流域东北部和中部区域连续 5 日、6 日降水较正常年
份增多，流域发生洪水的概率增加。EPW 年淮河水系连续 4 日、6 日降水较正常
年份增多，而在沂沭泗水系则较正常年份减少。根据淮河流域"有降水涝、无降
水旱、强降水洪"的旱涝特征，结合 ENSO 对降水历时和降水强度的影响分析，
可以帮助判断流域洪旱灾害风险发生频率的增减，从而为流域的农业生产和防灾
避灾提供参考。

4.3.4　ENSO 与不同等级降水之间的相关分析

　　以往对 ENSO 与区域降水的相关分析研究常采用不同 Niño 分区的海面温度
和 SOI 与降水量之间的相关分析[10,11]，而 EMI 可作为判断 El Niño Modoki 事件的
一个新指数。本书重点分析 EMI、SOI 与不同等级降水之间的相关性，采用皮尔
逊(Pearson)相关分析方法，结果见图 4-6 和图 4-7。从图 4-6 可以看出，EMI 与小雨
之间的相关性在 3 月、7 月、10 月、12 月比较显著，与中雨之间的相关性集中在 1
月、3 月、11 月，与大雨之间的相关性显著集中在 4 月、11 月，与暴雨之间的相关
性显著集中在 3 月。可以看出，EMI 与 3 月的小雨、中雨、暴雨显著相关，与 4 月、
11 月的大雨显著相关，与 7 月、10 月、12 月的小雨显著相关。综上分析，EMI 与不
同等级降水之间的相关性显著，尤其是对秋季和春季降水的影响显著。

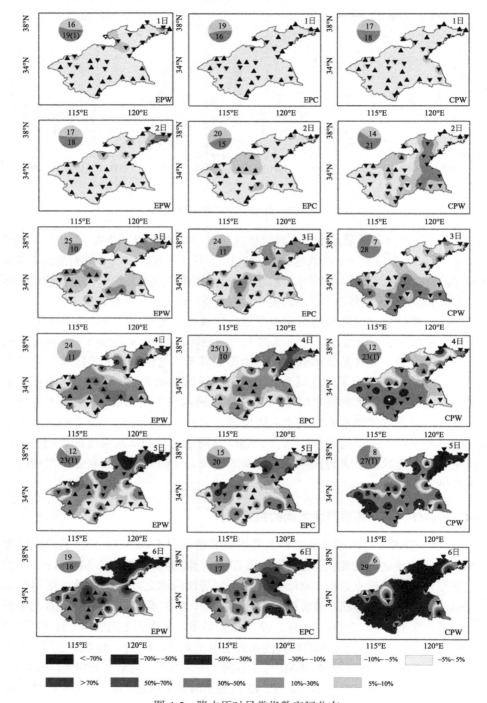

图 4-5　降水历时异常指数空间分布

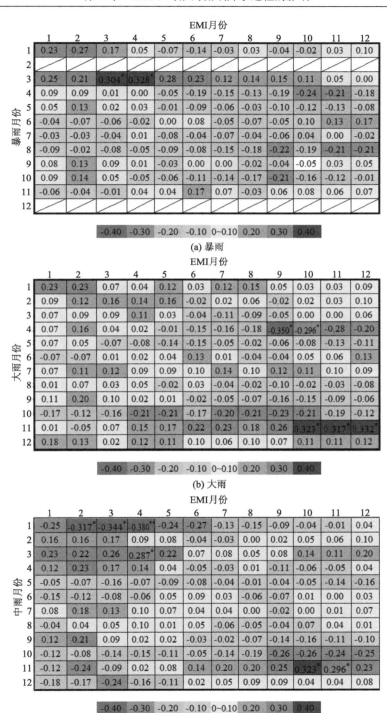

(a) 暴雨

(b) 大雨

(c) 中雨

EMI月份

暴雨月份	1	2	3	4	5	6	7	8	9	10	11	12
1	-0.01	-0.08	-0.16	-0.21	-0.14	-0.19	-0.08	-0.04	-0.02	0.00	0.01	0.04
2	-0.01	0.06	0.08	0.04	0.07	-0.07	-0.10	-0.04	-0.03	-0.05	-0.03	-0.05
3	0.378**	0.419**	0.469**	0.417*	0.392**	0.302*	0.305*	0.22	0.25	0.27	0.23	0.26
4	0.01	0.16	0.14	0.13	0.06	-0.09	-0.08	-0.04	-0.08	0.03	0.07	0.13
5	0.23	0.28	0.19	0.19	0.18	0.08	0.11	0.14	0.10	0.08	0.05	0.03
6	-0.01	0.11	0.13	0.14	0.19	0.20	0.13	0.09	0.04	0.06	0.06	0.13
7	0.293*	0.403**	0.364*	0.313*	0.22	0.18	0.14	0.15	0.10	0.10	0.10	0.17
8	0.06	0.15	0.12	0.12	0.06	0.13	0.05	0.06	0.06	0.13	0.10	0.09
9	0.17	0.291*	0.24	0.23	0.24	0.17	0.10	0.05	-0.07	-0.09	-0.07	-0.01
10	-0.13	-0.07	-0.11	-0.19	-0.14	-0.13	-0.23	-0.27	-0.320*	-0.322*	-0.317*	-0.293*
11	-0.06	-0.10	-0.01	0.09	0.09	0.12	0.15	0.14	0.21	0.28	0.28	0.21
12	0.04	0.06	0.02	0.09	0.19	0.28	0.28	0.340*	0.292*	0.27	0.298*	0.311*

-0.40　-0.30　-0.20　-0.10　0~0.10　0.20　0.30　0.40　0.50

(d) 小雨

图 4-6　不同等级降水日数与 EMI 之间的相关性

*表示通过 95%的显著性水平检验，**表示通过 99%的显著性水平检验

从图 4-7 可以看出，SOI 与小雨之间的相关性在 3 月、5 月、10 月、11 月、12 月比较显著，与中雨之间的相关性集中在 2 月、3 月、10 月、11 月，与大雨之间的相关性显著集中在 4 月，与暴雨之间的相关性显著集中在 3 月、10 月。与 EMI 相比，SOI 与 5 月小雨之间显著相关。综上所述，SOI 和 EMI 都与不同季节不同等级的降水相关性显著，尤其在秋季和春季，两者对降水的影响更为显著。

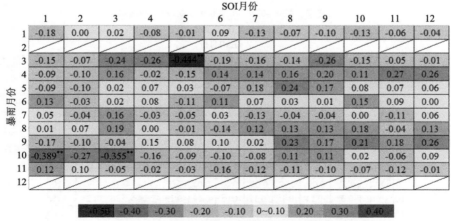

SOI月份

暴雨月份	1	2	3	4	5	6	7	8	9	10	11	12
1	-0.18	0.00	0.02	-0.08	-0.01	0.09	-0.13	-0.07	-0.10	-0.13	-0.06	-0.04
2												
3	-0.15	-0.07	-0.24	-0.26	-0.444**	-0.19	-0.16	-0.14	-0.26	-0.15	-0.05	-0.01
4	-0.09	-0.10	0.16	-0.02	-0.15	0.14	0.14	0.16	0.20	0.11	0.27	0.26
5	-0.09	-0.10	0.02	0.07	0.03	-0.07	0.18	0.24	0.17	0.08	0.07	0.06
6	0.13	-0.03	0.02	0.08	-0.11	0.11	0.07	0.03	0.01	0.15	0.00	0.00
7	0.05	-0.04	0.16	-0.03	-0.05	0.03		-0.04	-0.04	0.00	-0.11	0.06
8	0.01	0.07	0.19	0.00	-0.01	-0.14	0.12	0.13	0.13	0.18	-0.04	0.13
9	-0.17	-0.10	-0.04	0.15	0.08	0.10	0.02	0.23	0.17	0.21	0.18	0.26
10	-0.389**	-0.27	-0.355**	-0.16	-0.09	-0.10	-0.08	0.11	0.11	0.02	-0.06	0.09
11	0.12	0.10	-0.05	-0.02	-0.03	-0.16	-0.12	-0.11	-0.10	-0.07	-0.12	-0.01
12												

-0.50　-0.40　-0.30　-0.20　-0.10　0~0.10　0.20　0.30　0.40

(a) 暴雨

SOI月份

(b) 大雨 — 大雨月份 (行) × SOI月份 (列)

大雨月份＼SOI月份	1	2	3	4	5	6	7	8	9	10	11	12
1	-0.17	0.01	0.08	-0.09	-0.14	-0.07	-0.13	-0.07	-0.02	-0.08	0.03	-0.13
2	0.00	0.03	0.05	-0.02	0.15	0.27	0.11	0.17	0.16	0.13	0.11	0.02
3	-0.15	-0.11	-0.303*	-0.19	-0.19	-0.02	0.13	-0.01	-0.09	0.01	-0.10	-0.10
4	-0.06	0.07	0.25	0.16	0.07	0.319*	0.23	0.360*	0.340*	0.293*	0.20	0.28
5	-0.14	-0.15	-0.20	-0.10	-0.11	-0.22	0.07	-0.02	-0.08	-0.08	-0.05	-0.09
6	0.12	-0.10	0.01	0.11	0.13	0.27	0.17	0.09	0.12	0.316*	0.14	0.07
7	-0.02	-0.16	0.25	-0.02	0.09	0.11	-0.12	0.22	0.08	0.13	0.02	0.12
8	0.02	-0.01	0.15	-0.03	0.17	-0.07	-0.02	0.12	0.08	0.17	-0.02	0.13
9	-0.05	-0.05	0.06	0.25	0.21	0.21	0.17	0.306*	0.24	0.20	0.16	0.22
10	-0.13	-0.03	-0.16	0.11	0.01	-0.07	0.04	0.24	0.17	0.12	0.05	0.17
11	0.22	0.08	-0.05	0.04	-0.05	-0.17	-0.08	-0.20	-0.17	-0.17	-0.26	-0.05
12	0.04	0.21	-0.12	-0.15	-0.25	-0.07	0.01	-0.16	-0.20	-0.26	-0.16	-0.297*

图例: -0.40　-0.30　-0.20　-0.10　0~0.10　0.20　0.30　0.40

(b) 大雨

SOI月份

(c) 中雨 — 中雨月份 (行) × SOI月份 (列)

中雨月份＼SOI月份	1	2	3	4	5	6	7	8	9	10	11	12
1	-0.01	0.03	0.00	0.04	0.02	0.11	0.07	-0.04	0.09	0.08	0.16	-0.02
2	-0.12	-0.308*	-0.02	-0.13	0.07	0.03	0.02	-0.14	-0.10	0.05	-0.01	0.02
3	-0.19	-0.13	-0.357*	-0.21	-0.22	-0.12	0.10	0.04	-0.15	-0.18	-0.22	-0.12
4	-0.10	0.02	0.08	0.02	-0.11	0.05	0.00	0.12	0.07	0.09	-0.03	0.05
5	-0.05	-0.01	-0.01	0.00	-0.04	-0.21	0.02	-0.01	-0.07	-0.04	0.05	-0.05
6	0.13	0.06	0.12	0.20	0.15	0.22	0.10	0.06	0.14	0.27	0.23	0.09
7	-0.11	-0.15	0.13	-0.04	0.14	0.17	0.07	0.15	0.22	0.17	-0.06	0.03
8	0.10	-0.09	0.19	-0.01	0.04	-0.10	-0.01	-0.03	-0.08	0.09	-0.11	0.01
9	-0.08	-0.14	0.07	0.27	0.15	0.14	0.12	0.23	0.24	0.13	0.10	0.17
10	0.01	0.04	0.04	0.24	0.15	0.12	0.18	0.371**	0.27	0.27	0.22	-0.319*
11	0.349*	0.20	0.10	0.10	-0.06	-0.300*	-0.22	-0.353*	-0.27	-0.320*	-0.27	-0.17
12	0.15	0.365*	0.06	0.09	-0.10	-0.02	0.07	-0.13	-0.01	-0.07	-0.13	-0.21

图例: -0.40　-0.30　-0.20　-0.10　0~0.10　0.20　0.30　0.40

(c) 中雨

SOI月份

(d) 小雨 — 小雨月份 (行) × SOI月份 (列)

小雨月份＼SOI月份	1	2	3	4	5	6	7	8	9	10	11	12
1	-0.12	-0.02	-0.12	-0.01	-0.11	-0.13	-0.10	-0.19	-0.15	-0.22	-0.05	-0.09
2	0.06	-0.14	0.20	0.08	-0.10	0.11	0.00	-0.03	-0.02	0.16	0.17	0.06
3	-0.304*	-0.20	-0.494**	-0.330*	-0.24	-0.287*	-0.11	-0.11	-0.370**	-0.393**	-0.356*	-0.27
4	0.04	0.01	0.09	0.13	0.04	0.01	-0.03	0.00	-0.06	0.05	-0.09	-0.13
5	-0.326*	-0.14	-0.26	-0.10	-0.05	-0.27	-0.04	-0.07	-0.19	-0.289*	-0.10	-0.12
6	-0.03	0.01	0.09	0.22	0.20	0.15	0.04	0.17	0.20	0.16	0.13	0.06
7	-0.14	-0.20	-0.04	-0.07	0.08	-0.05	-0.03	-0.06	-0.14	-0.18	-0.05	
8	-0.01	-0.08	-0.01	0.02	0.08	-0.26	-0.08	-0.17	-0.18	-0.15	-0.317*	-0.18
9	-0.12	-0.14	0.08	0.325*	0.20	0.17	0.16	0.287*	0.25	0.14	0.08	0.12
10	-0.15	-0.14	0.02	0.20	0.15	0.13	0.13	0.333*	0.309*	0.343*	0.23	0.28
11	0.313*	0.22	0.02	0.06	-0.01	-0.26	-0.23	-0.309*	-0.292*	-0.335*	-0.288*	-0.16
12	0.05	0.24	-0.02	0.06	0.02	0.00	0.01	-0.15	-0.12	-0.16	-0.23	-0.318*

图例: -0.50　-0.40　-0.30　-0.20　-0.10　0~0.10　0.20　0.30　0.40

(d) 小雨

图 4-7　不同等级降水日数与 SOI 之间的相关性

*表示通过 95%的显著性水平检验，**表示通过 99%显著性水平检验

4.4 不同 ENSO 事件对淮河流域季节降水的影响

4.4.1 时间变化

为了探究不同 ENSO 事件对淮河流域季节降水的影响，本书计算了不同 ENSO 事件发生年份各季节降水异常的百分比。通过不同 ENSO 事件发生年与气候学上 1961～2010 年各季节降水量序列的对比计算降水异常指数，并用 Mann-Whitney U 检验法检验其显著性(图 4-8)。

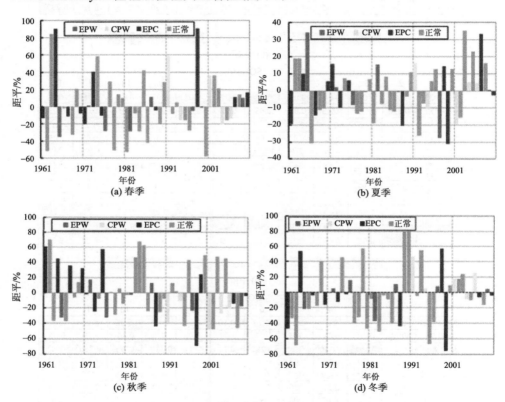

图 4-8　在不同的 ENSO 事件中各季节降水的异常

从图 4-8 可以看出，对春季降水而言，EPW 年中有 4 年的降水出现了负异常，且有 3 年低于−20%。EPC 事件对春季降水影响较显著，虽然 12 年中仅有 5 年的降水出现正异常，但这 5 年中有 3 年的降水异常指数超过了 40%，且最大值甚至超过了 90%；12 年中有 7 年出现降水负异常，但是异常幅度均在−20%之内。虽然 CPW 年 5 年中只有 2 年是正异常，但这 2 年的异常指数均超过了 35%，5 年中有 3 年出现负异常且均在–20%之内。

对夏季降水而言，EPW 年中有 4 年的降水异常指数为正异常，但异常幅度不高，仅有 1 年的异常指数超过了 30%；在 3 年的负异常中也仅有 1 年低于–20%。EPC 年对夏季降水影响变动较大，虽然 12 年中有 6 年的降水出现正异常，但这 6 年中仅 2007 年的正异常超过了 20%；12 年中有 6 年出现降水负异常，且这 6 年中有 3 年的异常幅度低于–20%。CPW 年，5 年中有 3 年/2 年出现正异常/负异常，但变化幅度均小于±20%。

对秋季降水而言，虽然 EPW 年降水的正负异常幅度不大，但是 7 年中有 5 年的降水出现了负异常，其中有 3 年异常幅度低于–20%。EPC 年对秋季降水影响比较显著，11 年中有 6 年的降水出现正异常，且这 6 年中有 3 年的正异常超过了 40%，最大值甚至达到+60%；出现降水负异常的 6 年中有 2 年低于–40%，最低值低于–60%。CPW 年的 5 年全部出现负异常，而且有 2 年异常幅度低于–40%。

对冬季降水而言，EPW 年的 7 年中有 5 年的降水异常指数为正异常，但异常幅度不高，均低于 18%；2 年的负异常指数均低于–20%。EPC 年对冬季降水的负影响比较显著，12 年中有 10 年的降水出现负异常，且这 10 年中有 3 年的负异常低于–40%，最大值甚至低于–70%；出现降水正异常的 2 年异常值均超过了 50%。CPW 年的 5 年中有 4 年出现正异常，而且最高值出现在 1991 年，达到了 46.36%。

综上，不同 ENSO 事件发生年的春、秋、冬季降水异常变化显著，降水异常指数偏高，而夏季降水异常变化幅度较低，三类 ENSO 事件中 EPC 事件对淮河流域各季节降水的影响最为显著。EPC 事件使春季、秋季降水显著增多，CPW 事件使秋季降水显著减少，而 EPW 事件则对夏季降水影响显著，其最大值超过了±30%。考虑到 ENSO 事件的影响具有一定的持续性，有些 ENSO 事件发生的第二年降水异常指数也偏高，如 1989 年的冬季、1966 年的夏季、1962 年的秋季等。

4.4.2　空间变化

为了分析不同 ENSO 事件对淮河流域季节降水影响的空间变化差异，采用反距离权重插值法分析各季节降水异常指数的空间变化，同时采用 Mann-Whitney U 检验法评估不同 ENSO 事件发生年的降水序列与正常年份的降水序列间的降水差异显著性。需要注意的是，这一部分的降水异常指数的计算是用不同 ENSO 事件发生年的各季节降水序列均值减去正常年份各季节降水序列的均值后再除以正常年份各季节降水序列的均值。

图 4-9 反映了 EPC 事件影响下的春季、夏季、秋季、冬季降水异常指数空间变化情况。从图 4-9(a)可以看出，山东沿海诸河和淮河水系的南部地区有 29 个站点的 EPC 年春季降水量高于正常年份，仅在淮河流域的北部有 6 个站点的春季降水量低于正常年份。在 EPC 年的夏季[图 4-9(b)]，淮河水系的降水量均低于正

常年份，且 22 个站点中有 4 个站点通过 95%的显著性检验；而山东沿海诸河以及流域北部的 13 个站点的降水量高于正常年份，这与春季降水情况相似[图 4-9(a)]。对秋季降水而言，山东半岛 EPC 年降水量明显高于正常年份，这种趋势比春季和夏季降水更加显著[图 4-9(c)]，25 个出现正异常的站点中有 7 个站点通过了 95%显著性水平检验。对冬季降水而言，研究区域有 34 个站点出现了负异常，这说明 EPC 年研究区域冬季的降水量明显低于正常年份[图 4-9(d)]。

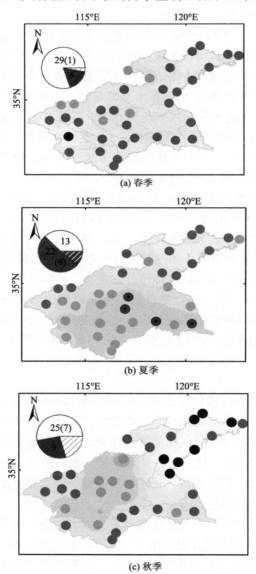

(a) 春季

(b) 夏季

(c) 秋季

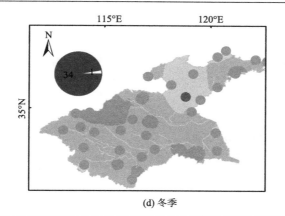

(d) 冬季

60%　50%　40%　30%　20%　10%　0　−10%　−20%　−30%　−40%　−50%　−60%

● 正显著　　　● 负值　　　○ 正值　　　● 负显著

图 4-9　EPC 事件影响下春季、夏季、秋季、冬季降水异常指数空间变化

　　图 4-10 反映了 EPW 事件影响下的春季、夏季、秋季、冬季降水异常指数空间变化情况。从图 4-10(a)可以看出，山东沿海诸河和沂沭泗水系的北部地区、淮河水系大部分地区的 31 个站点的 EPW 年春季降水量低于正常年份。在 EPW 年的夏季[图 4-10(b)]，淮河水系的降水量均高于正常年份，而沂沭泗水系的降水量则低于正常年份，这与 EPC 年的夏季降水情况[图 4-9(b)]正好相反。对秋季降水而言，除潍坊、威海外，整个流域的 EPW 年秋季降水量明显低于正常年份[图 4-10(c)]，这种趋势与春季降水情况相似[图 4-10(a)]。对冬季降水而言，淮河水系北部和南部、山东沿海诸河的 23 个站点出现了负异常，这说明 EPW 年淮河水系北部和南部、山东沿海诸河的冬季降水量低于正常年份，而山东沿海诸河北部地区、淮河水系上游和下游的个别站点的冬季降水量高于正常年份，但增加的幅度不大。

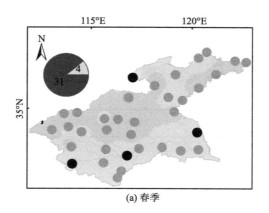

(a) 春季

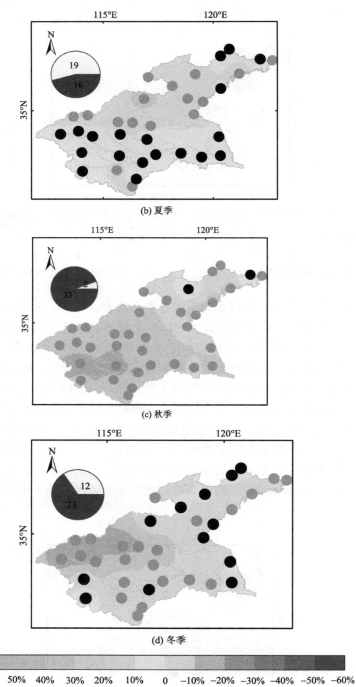

图 4-10　EPW 事件影响下春季、夏季、秋季、冬季降水异常指数空间变化

　　图 4-11 反映了 CPW 事件影响下的春季、夏季、秋季、冬季降水异常指数空间变化情况。从图 4-11(a)可以看出,山东沿海诸河和淮河水系的 31 个站点的 CPW 年春季降水量高于正常年份,而且济南、龙口 2 个站点通过了 95% 的显著性水平检验。在 CPW 年的夏季[图 4-11(b)],山东沿海诸河以及沂沭泗水系的降水量低

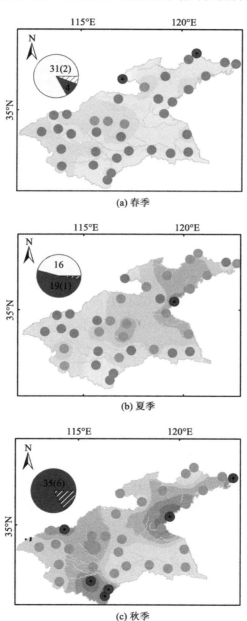

(a) 春季

(b) 夏季

(c) 秋季

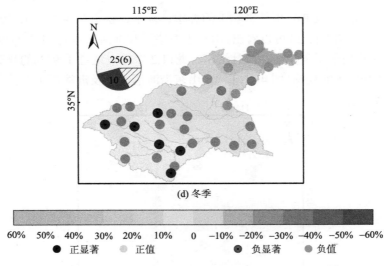

图 4-11　CPW 事件影响下春季、夏季、秋季、冬季降水异常指数空间变化

于正常年份；而淮河水系上游以及流域西部的 16 个站点的降水量高于正常年份，这种趋势大致与 EPW 年相同。对秋季降水而言，整个流域 CPW 年的降水量均低于正常年份，且有 6 个站点通过了 95% 的显著性水平检验，降水量较常年明显减少的区域主要分布在淮河水系南部的霍山、六安、固始，山东沿海诸河的威海、日照以及淮河水系上游北部的开封 [图 4-11(c)]。对冬季降水而言，整个淮河水系的降水量明显较正常年份增多，且有 6 个站点通过了 95% 的显著性水平检验；而山东沿海诸河 CPW 年的冬季降水量较常年减少 [图 4-11(d)]。

综上所述，在空间分布上，对春季降水而言，CPW 年和 EPC 年流域降水普遍增多，尤其是在 EPC 年，淮河水系上游降水显著增加，由于淮河水系南岸支流发源于大别山区及江淮丘陵，北岸支流都是平原，上中游的洪水易给下游带来洪涝灾害；而在 EPW 年的春季，降水普遍较常年减少。对冬季降水而言，CPW 年淮河水系上游降水显著增加，EPC 年和 EPW 年淮河水系降水减少，而在 EPW 年，山东沿海诸河的降水比常年有所增加。对秋季降水而言，EPW 年和 CPW 年降水普遍较常年减少，而 EPC 年山东沿海诸河降水显著增加，这增加了区域性洪水的风险。对夏季降水而言，EPW 年和 CPW 年淮河水系降水普遍较常年增多，由于淮河的雨期降水是全年最多的，夏季降水比常年增多的情况则更易造成洪灾，而且从空间上看，降水的增加集中在淮河水系的中上游，这增加了区域性洪水的风险，应该密切关注这种 ENSO 事件，以期做好防灾减灾工作。

同时，将淮河流域各洪灾发生的年份与不同 ENSO 年进行比较（表 4-2），发现 1961～2010 年的 50 年中有 15 年淮河流域发生不同程度的洪涝灾害，其中 EPW

年有 3 年，EPC 年有 3 年，CPW 年仅 1 年。考虑到 ENSO 事件对区域降水的影响具有一定的滞后性，已有研究发现 ENSO 对我国区域降水的影响往往是跨年度的，即前一年发生的 ENSO 事件可以持续影响后一年的区域降水。淮河流域发生洪水的 15 年中，前一年发生 ENSO 事件的有 5 年。因此，可以看出，考虑 ENSO 事件前一年与当年的影响对淮河流域降水异常的指示作用较明显，15 年中有 11 年均具有指示信号，占洪水发生年份的 73.3%。Zhang 等[12]的研究结果也表明，在厄尔尼诺事件期间，中国南方的春季、秋季和冬季降水出现正异常。

表 4-2　淮河流域各洪灾发生年份与其对应的不同 ENSO 事件

年份	灾情概要[13]	ENSO 事件类型
1963	淮河流域发生特大涝灾，农田受灾面积超过 666.7 万 km²	—
1964	海河、淮河流域严重涝灾，冀、豫、鲁、皖、苏五省农田受灾面积达 1113 万 km²	EPC
1965	淮河流域多雨，河南省大部分区域以及安徽、江苏两省北部出现严重涝灾	EPW (EPC-1)
1968	淮河干流上中游特大洪水，豫皖两省受灾农田达 50.7 万 km²，死亡 374 人	(EPC-1)
1969	淮河支流，鄂皖两省严重水灾	—
1972	淮河流域多雨，皖北、豫中、苏北及鲁南地区洪涝	EPW
1974	沂河、沭河发生大水，潍坊、临沂、德州、徐州等地发生严重水灾，受灾农田达 133.3 万 km²	(EPC-1)
1975	淮河上游支流洪汝、沙颍河特大洪水	EPC
1980	淮河干流中上游出现较大洪水，淮南山区 7 月出现有记录以来最大洪水	—
1982	淮河干流中游大水	EPW
1983	淮河中上游大水	(EPW-1)
1984	淮河上中游大水，皖北、豫东地区水灾严重	—
1991	淮河发生自 1949 年以来的第二位大洪水	CPW
2003	淮河流域性大洪水，遭遇 1991 年来最大洪水	(CPW-1)
2007	淮河流域性大洪水	EPC

注：括号中代表前一年的 ENSO 事件名称。

就旱灾而言，对比典型旱灾年份与其对应的 ENSO 事件（表 4-3）发现，EPW 事件对旱灾事件有相对较好的指示作用，9 个典型的旱灾年份中有 3 年发生在 EPW 当年或者后一年，而与洪灾事件相比，三种 ENSO 事件对淮河流域的旱灾事件的指示作用并不明显。EPW 在本书中是自定义的 ENSO 事件，不包括 Modoki 事件。Chan 和 Zhou[14]的研究表明，中国南部早期的夏季季风降水往往小于正常年份，这与 EPW 对旱灾事件的指示作用有一定关系。

表 4-3　淮河流域各典型旱灾年份[15]与其对应的不同 ENSO 事件

年份	ENSO 事件类型	年份	ENSO 事件类型	年份	ENSO 事件类型
1966	EPW-1	1981	—	1997	EPW
1976	EPW	1986	—	1999	EPC
1978	—	1988	EPC	2001	—

由上述分析可以看出，划分时仅考虑了 EPW、CPW、EPC 发生年份的 ENSO 事件不能够完全指示淮河流域及山东半岛降水的异常，因此应进一步分析与探讨传统型 ENSO 事件与 ENSO Modoki+A 事件的不同时期对淮河流域季节降水影响的差异性。

4.5　传统型 ENSO 事件与 ENSO Modoki+A 事件对季节降水影响的对比分析

4.5.1　ENSO Modoki+A 事件的划分

前文对比了太平洋东部暖事件、太平洋中部暖事件、太平洋东部冷事件的发生对淮河流域季节降水的影响。为进一步比较传统型 ENSO 事件和新型 ENSO Modoki+A 事件对淮河流域季节降水影响的差异性，下面将重点探讨传统型 ENSO 事件和新型 ENSO Modoki+A 事件的冷暖期对淮河流域各季节降水的影响。

本书中 ENSO Modoki+A 事件的划分，主要是参考 Tedeschi 等的划分方法[16]，既考虑了 ENSO Modoki 事件的发生，又重点考虑了太平洋中部海域(即 A 海域，图 4-12)海温的异常变化[14]。传统型 ENSO 事件暖期(厄尔尼诺现象)和冷期(拉尼娜现象)是以 90°W~140°W、5°N~5°S 海域的海温异常大于(小于)0.7 个标准差来定义的，在本书中传统型 ENSO 事件的暖期标记为 CEN，传统型 ENSO 事件的冷期标记为 CLN。有关 ENSO Modoki 事件的冷暖期的划分，如果仅使用 EMI 作为标准，那么即使在太平洋中部海域(A 海域)海温并没出现异常增高时，在 B 海域或 C 海域(图 4-12)出现海温异常也能被确定为暖期和冷期，而且暖期很容易被误认为冷期。因此，本书除了以 EMI 作为划分标准外，还添加另一个阈值来约束这种新型 ENSO 事件的出现，即当 EMI 与 A 海域同时出现海温异常显著增高(大于 0.7 个标准差)时，定义为暖期(标记为 MAEN)；同样的，当 EMI 与 A 海域同时出现海温异常显著降低(小于 0.7 个标准差)时，定义为冷期(标记为 MALN)。传统型 ENSO 事件冷暖期划分和 ENSO Modoki+A 事件冷暖期划分的年份和个数见表 4-4 和表 4-5。

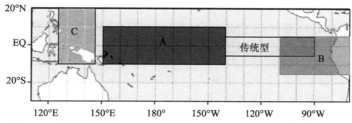

图 4-12　划分传统型 ENSO 事件和 ENSO Modoki +A 事件的海域

表 4-4　CEN/CLN 年和 MAEN/ MALN 年的划分

项目	春季	夏季	秋季	冬季
CEN	1969，1983，1987，1992，1993，1998，2002，2010	1963，1965，1972，1976，1982，1983，1987，1991，1993，1997，2002，2009	1963，1965，1969，1972，1976，1982，1986，1987，1991，1994，1997，2002，2004，2006，2009	1965/1966，1969/1970，1972/1973，1976/1977，1982/1983，1986/1987，1987/1988，1991/1992，1994/1995，1997/1998，2002/2003，2003/2004，2006/2007，2009/2010
CLN	1962，1964，1967，1968，1971，1974，1975，1978，1985，1988，1989，2007	1964，1970，1971，1973，1975，1978，1985，1988，1999，2007，2010	1961，1962，1964，1967，1970，1971，1973，1975，1988，1995，1999，2007，2010	1964/1965，1970/1971，1973/1974，1975/1976，1984/1985，1988/1989，1998/1999，1999/2000，2005/2006，2007/2008，2010/2011
MAEN	1966，1982，1991，1994，1995，2003	1966，1977，1991，1992，1994，2002，2004	1963，1965，1977，1986，1990，1991，1994，2002，2004	1965/1966，1968/1969，1977/1978，1986/1987，1990/1991，1991/1992，1994/1995，2002/2003，2004/2005，2009/2010
MALN	1971，1974，1975，1976，1984，1985，1989，1999，2000，2008	1974，1975，1989，1998，1999，2008，2010	1964，1973，1974，1975，1983，1988，1998，1999，2010	1970/1971，1973/1974，1975/1976，1983/1984，1984/1985，1988/1989，1998/1999，1999/2000，2000/2001，2007/2008，2008/2009

表 4-5　CEN/CLN 年和 MAEN/ MALN 年的个数

项目	春季	夏季	秋季	冬季
CEN	8	12	15	14
CLN	12	11	13	11
MAEN	6	7	9	10
MALN	10	7	9	11

4.5.2 传统型 ENSO 事件与 ENSO Modoki+A 事件对季节降水影响的差异性

通过前文分析可以看出，不同 ENSO 事件对淮河流域季节降水的影响不尽相同，但对区域的季节性洪水事件有一定的指示作用。本小节主要探讨和比较传统型 ENSO 事件以及 ENSO Modoki+A 事件对淮河流域季节降水影响的差异，以期明确对于淮河流域季节降水指示作用，选取哪种 ENSO 事件的指标更合适。根据表 4-4 中 CEN/CLN 年和 MAEN/MALN 年的划分，图 4-13 和图 4-14 分别比较了 CEN/CLN 年和 MAEN/MALN 年各季节降水异常指数以及它们之间的差异。

从图 4-13 可以看出，对春季降水而言，在传统型 ENSO 事件的暖期，淮河水系降水较常年显著增加，而在 ENSO Modoki+A 事件的暖期，仅淮河水系中上游的降水较常年有所增加，并且在淮河水系上游传统型 ENSO 年的暖期降水量大于 ENSO Modoki+A 年的暖期降水量。

对夏季降水而言，虽然传统型 ENSO 事件的暖期使淮河水系降水较常年显著增加，但在 ENSO Modoki+A 事件的暖期山东沿海诸河、淮河水系中下游的降水量显著减少，并且淮河水系传统型 ENSO 年的暖期降水量明显大于 ENSO Modoki+A 年的暖期降水量。

对秋季降水而言，无论传统型 ENSO 年还是 ENSO Modoki+A 年的暖期降水量均较常年减少，且在 ENSO Modoki+A 年的暖期降水量减少显著，传统型 ENSO 年的降水量比 ENSO Modoki+A 年更多，易发生旱灾。

对冬季降水而言，传统型 ENSO 年的暖期与 ENSO Modoki+A 年的暖期淮河水系降水量较常年均增加，并且在传统型 ENSO 事件发生年增加地更加显著。

与暖期不同，冷期各季节降水的变化不尽相同，见图 4-14。从图 4-14 可以看出，对春季降水而言，传统型 ENSO 年的冷期淮河水系上中游的降水较常年增多，与传统型 ENSO 年相反，在 ENSO Modoki+A 的冷期，淮河水系南部的降水较常年减少，在淮河水系南部传统型 ENSO 年的降水量要多于 Modoki+A 年，而在沂沭泗水系传统型 ENSO 年的降水量却较 ENSO Modoki+A 年减少。

对夏季降水而言，传统型 ENSO 年的冷期山东半岛地区降水量较常年显著增多，淮河水系中下游干流的降水显著减少，而在 ENSO Modoki+A 年的冷期，除了霍山、六安和青岛外，其余地区的降水量均较常年减少。淮河水系干流南部地区传统型 ENSO 年的降水量比 Modoki+A 年少。

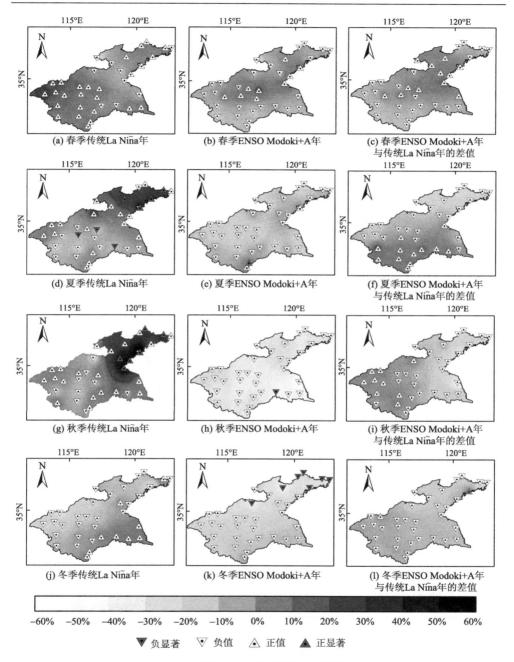

(a) 春季传统 La Niña 年　　(b) 春季 ENSO Modoki+A 年　　(c) 春季 ENSO Modoki+A 年与传统 La Niña 年的差值

(d) 夏季传统 La Niña 年　　(e) 夏季 ENSO Modoki+A 年　　(f) 夏季 ENSO Modoki+A 年与传统 La Niña 年的差值

(g) 秋季传统 La Niña 年　　(h) 秋季 ENSO Modoki+A 年　　(i) 秋季 ENSO Modoki+A 年与传统 La Niña 年的差值

(j) 冬季传统 La Niña 年　　(k) 冬季 ENSO Modoki+A 年　　(l) 冬季 ENSO Modoki+A 年与传统 La Niña 年的差值

−60%　−50%　−40%　−30%　−20%　−10%　0%　10%　20%　30%　40%　50%　60%

▼ 负显著　　▽ 负值　　△ 正值　　▲ 正显著

图 4-13　El Niño 年各季节降水异常指数

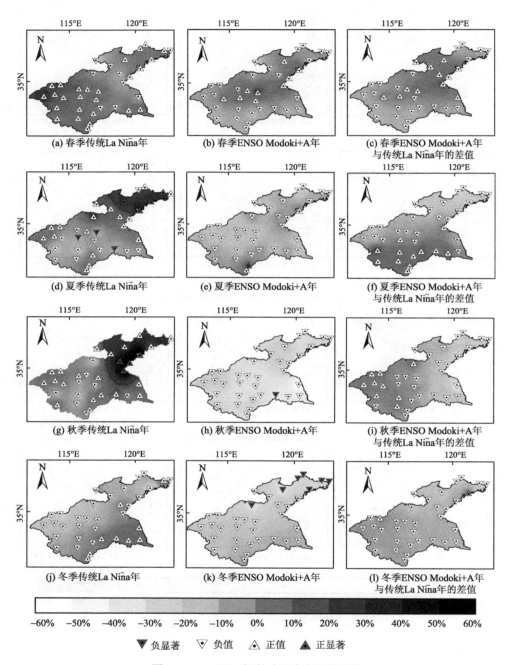

图 4-14　La Niña 年各季节降水异常指数

对秋季降水而言，传统型 ENSO 年的冷期山东沿海诸河降水量显著增加，淮河干流地区降水量显著减少，而 ENSO Modoki+A 年全部区域的降水量均较常年减少，且淮河水系减少得更加显著。山东沿海诸河及淮河水系下游地区，传统型 ENSO 年比 ENSO Modoki+A 年的冷期降水量多，而在淮河水系上游，情况则相反。

对冬季降水而言，传统型 ENSO 年的冷期淮河水系中上游降水较常年少，而淮河水系南部降水却较常年有所增加。ENSO Modoki+A 年的冷期全流域的降水量均较常年减少，尤其是山东沿海诸河区域，减少得更加显著。

综上，传统型 ENSO 年和 ENSO Modoki+A 年对各季节降水的影响不尽相同。总体上来看，在 ENSO 的暖期(El Niño 年)传统型 ENSO 事件比 ENSO Modoki+A 事件给各季节带来的降水更多，而在 ENSO 的冷期(La Niña 年)季节差异则较大。这与 Tedeschi 等在南美洲的研究结果不同。Tedeschi 等[16]的研究发现，在 ENSO 的暖期传统型 ENSO 事件比 ENSO Modoki+A 事件给各季节带来的降水更少，而在 ENSO 的冷期传统型 ENSO 事件比 ENSO Modoki+A 事件给各季节带来的降水更多。春季，传统型 ENSO 影响显著，降水较常年显著增加，尤其是淮河水系的中上游洪灾更易发生。夏季，ENSO Modoki+A 事件与传统型 ENSO 事件的影响相反，ENSO Modoki+A 年降水减少而传统型 ENSO 年降水则增多，在夏季应多关注传统型 ENSO 事件的发生。秋季，ENSO Modoki+A 年的降水较常年减少，而传统型 ENSO 年的冷暖期对山东沿海诸河区域降水的影响相反。冬季，传统型 ENSO 年淮河水系降水增加，尤其是传统型 ENSO 年的暖期降水增加显著，这增加了发生洪灾的风险，ENSO Modoki+A 年降水则较常年减少，因此在冬季更应该关注传统型 ENSO 年的暖期。

对比淮河流域 1961～2010 年的 15 次显著洪水灾害事件、9 次旱灾事件(表 4-6 和表 4-7)可知，对显著的洪水灾害事件而言，除 1980 年之外，其余 14 年的洪灾事件皆与传统型 ENSO 事件、ENSO Modoki+A 事件的不同冷暖期相对应。由于淮河流域区域性和流域性的洪水多发生在 5～8 月，传统型 ENSO 事件、ENSO Modoki+A 事件的不同冷暖期的春季、夏季对洪灾的指示作用较好。以传统型 ENSO 事件为基础，同时参考 ENSO Modoki+A 事件的秋、冬两季能够指示 86.7% 年份(除了 1972 年和 1980 年)的洪水事件，这比单纯用 EPC、EPW、CPW 年尺度信号(表 4-4)指示的精度更高。对典型的干旱灾害事件而言，除 1981 年之外，其余 8 年的干旱事件皆与传统型 ENSO 事件、ENSO Modoki+A 事件的不同冷暖期相对应。

表 4-6　各洪灾年份与其对应的传统型 ENSO 事件、ENSO Modoki+A 事件的冷暖期

年份	传统型 ENSO 事件、ENSO Modoki+A 事件的冷暖期
1963	CEN 夏、CEN 秋、MAEN 秋
1964	CLN 春、CLN 夏、CLN 冬、MALN 秋
1965	CEN 夏、CEN 秋、CEN 冬、CLN 冬、MAEN 秋、MAEN 冬
1968	CLN 春、MAEN 冬
1969	CEN 春、CEN 秋、CEN 冬、MAEN 冬
1972	CEN 夏、CEN 秋、CEN 冬
1974	CLN 春、CLN 冬、MALN 春、MALN 夏、MALN 秋、MALN 冬
1975	CLN 春、CLN 夏、CLN 秋、CLN 冬、MALN 春、MALN 夏、MALN 秋、MALN 冬
1980	—
1982	CEN 夏、CEN 秋、CEN 冬、MAEN 春
1983	CEN 春、CEN 夏、CEN 冬、MALN 冬
1984	CLN 冬、MALN 春、MALN 冬
1991	CEN 夏、CEN 秋、CEN 冬、MAEN 春、MAEN 夏、MAEN 秋、MAEN 冬
2003	CEN 冬、MAEN 春、MAEN 冬
2007	CEN 冬、CLN 春、CLN 夏、CLN 秋、CLN 冬、MALN 冬

表 4-7　典型旱灾年份与其对应的传统型 ENSO 事件、ENSO Modoki+A 事件的冷暖期

年份	传统型 ENSO 事件、ENSO Modoki+A 事件的冷暖期
1966	CEN 冬、MAEN 冬
1976	CEN 夏、CEN 秋、CEN 冬、CLN 冬、MALN 春、MALN 冬
1978	CLN 春、CLN 夏、MAEN 冬
1981	—
1986	CEN 秋、CEN 冬、MAEN 秋、MAEN 冬
1988	CEN 冬、CLN 春、CLN 夏、CLN 秋、CLN 冬、MALN 冬
1997	CEN 夏、CEN 秋、CEN 冬
1999	CLN 夏、CLN 秋、CLN 冬、MALN 春、MALN 夏、MALN 秋、MALN 冬
2001	MALN 冬

4.5.3　各季节降水与海温异常的相关关系

为了分析海温异常与各季节降水异常的相关性，本书分别计算了各季节降水量与传统型 ENSO 事件定义的海域、A 海域海表温度以及 EMI 之间的皮尔逊相关系数。从图 4-15 可以看出，春季降水量与传统型 ENSO 事件定义的海域、A 海域海表温度、EMI 呈正相关关系，即传统型 ENSO 事件定义的海域、A 海域海温升高会使淮河水系及山东沿海诸河区域降水增加，这与图 4-13 的分析结果一致。对

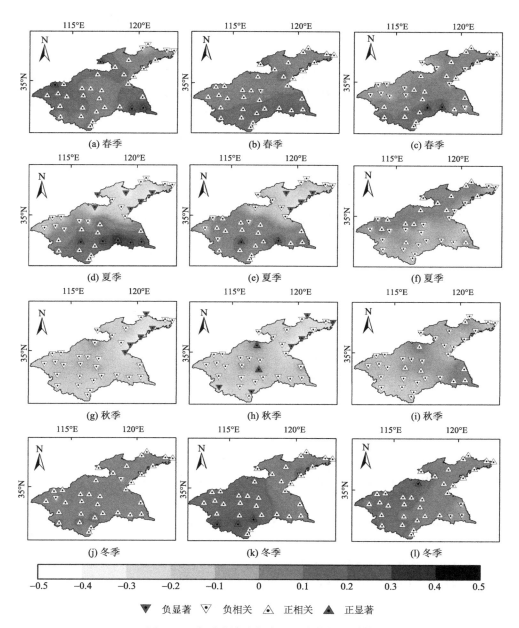

图 4-15　各季节降水与海温异常的相关系数

(a)、(d)、(g)、(j)为各季节降水量与传统型 ENSO 事件定义的海域之间的皮尔逊相关系数；(b)、(e)、(h)、(k)为各季节降水量与 A 海域海表温度之间的皮尔逊相关系数；(c)、(f)、(i)、(l)为各季节降水量与 EMI 指数之间的皮尔逊相关系数

夏季降水而言，在淮河水系传统型 ENSO 事件定义的海域、A 海域海表温度与降水量呈正相关关系，在山东沿海诸河区域则呈负相关关系；与 EMI 的关系则相反，在淮河水系降水量与 EMI 呈负相关关系，而在沂沭泗水系、山东沿海诸河北部呈正相关关系。这种变化规律与图 4-13 和图 4-14 的结果并不一致，这可能是由于淮河水系夏季降水为梅雨和台风暴雨两个系统叠加的结果，影响这两个系统的因子众多，而且其他大尺度气候因子，如 PDO、NAO，均会对降水产生很重要的影响，使其降水情况更加复杂。对秋季降水而言，除宿县、兖州外，整个流域降水量与传统型 ENSO 事件定义的海域、A 海域海表温度呈负相关关系，而淮河水系下游降水量与 EMI 呈正相关关系，这与图 4-13 和图 4-14 的分析结果相一致。对冬季降水而言，降水量与传统型 ENSO 事件定义的海域、A 海域海温呈正相关关系，且在淮河水系南部，这种正相关关系更加显著，这与图 4-13 和图 4-14 的分析结果相一致。

4.6　本章小结

(1) 淮河流域连续降水日数、连续降水量在 CPW 年比在正常年份少，但降水总量减少幅度大于降水日数减小幅度，增加了旱灾风险；EPC 年淮河流域最长连续无降水日数增加，同时也增加了发生旱灾的风险。

(2) 不同的 ENSO 事件均对强降水影响较大，不同 ENSO 事件影响下的大雨、暴雨日数与其在正常年份的变动幅度均达到 ±50%。流域的洪水事件对 EPC 和 CPW 事件响应敏感，淮河流域发生洪水的年份往往都是暴雨异常指数达到极值之年。在空间分布上，流域的淮河水系受 CPW 和 EPW 事件影响，暴雨、大雨日数超过正常年份，增加了淮河水系发生洪灾的风险；相反地，沂沭泗水系暴雨、大雨日数受 CPW 和 EPW 事件影响明显低于正常年份，这增加了沂沭泗水系旱灾的风险。

(3) 不同 ENSO 事件均对淮河流域连续 5 日以上的降水影响十分显著。就不同 ENSO 事件来看，EPC 事件较 CPW、EPW 事件对降水历时的影响更显著，特别是连续 6 日降水，10 年中有 5 年的异常幅度超过 ±50%。CPW 事件对流域连续多日降水影响的范围比较广泛；EPC 事件和 EPW 事件的影响范围则比较集中，且有明显的高值区，分别是淮河水系和沂沭泗水系。EMI 和 SOI 与不同等级降水之间的相关性集中在 1 月、3 月、4 月、7 月、10 月、11 月、12 月，而与 5 月降水之间存在显著相关性的只有 SOI。

(4) EPC 事件使春季、秋季降水显著增多，分别有 3 年、6 年的降水异常指数超过了 40%；CPW 事件使秋季降水显著减少，而 EPW 事件则使春季降水明显减少。

（5）EPW 事件和 CPW 事件使夏季淮河水系大部分尤其是上中游的降水较常年显著增加，这增大了发生区域性洪灾的风险；EPC 事件使春季、秋季降水显著增多，CPW 事件使秋季降水显著减少，应该密切关注这种 ENSO 事件以期做好区域的防灾减灾工作。

（6）对春季、冬季降水而言，传统型 ENSO 年降水较常年显著增加，尤其是传统型 ENSO 年的暖期，对冬季降水增加的影响尤为显著；对夏季和秋季降水而言，ENSO Modoki+A 事件与传统型 ENSO 事件的影响相反，ENSO Modoki+A 事件发生年降水减少而传统型 ENSO 年降水则增多。

（7）当传统型 ENSO 事件定义的海域、A 海域海表温度出现正异常时，淮河流域的春季、冬季降水量增多，特别是淮河水系夏季的降水量显著增加；秋季则相反，其降水量减少。EMI 与夏季淮河水系南部、冬季全流域降水量分别呈负相关、正相关关系。传统型 ENSO 事件冷暖期夏季、春季的水汽输送较 ENSO Modoki+A 事件冷暖期的水汽输送更为活跃；传统型 ENSO 事件暖期的春季、夏季降水比冷期的水汽来源更充足，带来的降水更多。

参 考 文 献

[1] Smith T M, Reynolds R W, Peterson T C, et al. Improvements to NOAA's historical merged land-ocean surface temperature analysis（1880-2006）[J]. Journal of Climate, 2008, 21(10): 2283-2296.

[2] 许武成, 马劲松, 王文. 关于 ENSO 事件及其对中国气候影响研究的综述[J]. 气象科学, 2005, 25(2): 212-220.

[3] Ashok K, Behera S K, Rao S A, et al. El Niño Modoki and its possible teleconnection[J]. Journal of Geophysical Research, 2007, 112(C11): C11007.

[4] Kim H M, Webster P J, Curry J A. Impact of shifting patterns of Pacific Ocean warming on North Atlantic tropical cyclones[J]. Science, 2009, 325(5936): 77-80.

[5] 李剑锋, 张强, 陈晓宏, 等. 考虑水文变异的黄河干流河道内生态需水研究[J]. 地理学报, 2011, 66(1): 99-110.

[6] 拜存有. 渭河流域关中段径流过程变异点诊断研究[D]. 咸阳: 西北农林科技大学, 2008.

[7] Mann H B, Whitney D R. On a test of whether one of two random variables is stochastically larger than the other[J]. The Annals of Mathematical Statistics, 1947, 18(1): 50-60.

[8] Zhang Q, Li J F, Singh V P, et al. Influence of ENSO on precipitation in the East River basin, south China[J]. Journal of Geophysical Research: Atmospheres, 2013, 118(5): 2207-2219.

[9] 郑伟, 韩秀珍, 王新, 等. 基于 SSM/I 数据的淮河流域洪涝监测分析[J]. 地理研究, 2012, 31(1): 45-52.

[10] Shabbar A, Bonsal B, Khandekar M. Canadian precipitation patterns associated with the Southern Oscillation[J]. Journal of Climate, 1997, 10(12): 3016-3027.

[11] Zubair L, Siriwardhana M, Chandimala J, et al. Predictability of Sri Lankan rainfall based on ENSO[J]. International Journal of Climatology, 2008, 28(1): 91-101.

[12] Zhang R H, Sumi A, Kimoto M. A diagnostic study of the impact of El Niño on the precipitation in China[J]. Advances in Atmospheric Sciences, 1999, 16(2): 229-241.

[13] 国家防汛抗旱总指挥部办公室, 水利部南京水文水资源研究所. 中国水旱灾害[M]. 北京: 中国水利水电出版社, 1997.

[14] Chan J C L, Zhou W. PDO, ENSO and the early summer monsoon rainfall over south China[J]. Geophysical Research Letters, 2005, 32(8): L08810.

[15] Yan D H, Han D M, Wang G, et al. The evolution analysis of flood and drought in Huai River Basin of China based on monthly precipitation characteristics[J]. Natural Hazards, 2014, 73(2): 849-858.

[16] Tedeschi R G, Cavalcanti I F A, Grimm A M. Influences of two types of ENSO on South American precipitation[J]. International Journal of Climatology, 2013, 33(6): 1382-1400.

第5章 ENSO、NAO、IOD 和 PDO 多气候因子的联合影响

　　降水量的时空变化导致水资源时空分配的变化并导致洪水、干旱等灾害性事件的发生，对社会经济产生巨大影响[1,2]。区域降水量的变化与海洋表面温度变化有关[3-5]。近年来研究成果表明，ENSO 能够指示全球气候变化，是指示气候年际变化或更长尺度变化的主要信号之一[6]，ENSO 事件对东亚[7]、澳大利亚西南部[8]等地的降水有显著影响。很多研究集中于其对季节降水的影响。我国大部分区域的季节降水、径流等均受东亚季风影响，而 ENSO 通过影响东亚季风，可对我国降水产生影响[9]。除 ENSO 外，影响东亚季风的气候因子还有北大西洋涛动（NAO）、印度洋偶极子（IOD）、太平洋十年际振荡（PDO）等[10,11]。ENSO 由 IOD 和 PDO 因子协调共同影响东亚季风[12]。利用 PDO 等大尺度气候因子建立的预测模型，可以预测江淮流域夏季降水[13]。目前，淮河流域季节降水以及农业干旱等受多气候因子联合影响的相关研究并不多见。

　　本章的主要目的是探究淮河流域季节降水、农业干旱等受 ENSO、NAO、IOD 和 PDO 等大尺度气候因子联合影响的变异规律，并探讨这种变化规律的稳定性；辨别影响淮河流域季节降水的主要气候因子；分析大尺度气候因子联合如何对淮河流域季节降水以及农业干旱等产生影响，并总结这种影响的规律性，以期为利用 ENSO、NAO、IOD 和 PDO 因子进行长期降水预测提供参考。

5.1　研　究　方　法

5.1.1　Cox 回归模型

　　Cox 回归模型是一种多元回归分析方法，由英国统计学家 David Cox 于 1972 年提出，最初被应用于预测生存期，后被广泛应用于生物、医学、卫生统计等领域[14,15]。常用的 logistic 回归只考虑了事件的结局，缺乏对生存时间长短的利用，而 Cox 回归模型则引入了时间变量，更大限度地利用了资料信息，使模型更具有灵活性，从而成为现代统计学中一个独具特色的分支[16-18]。

　　Cox 回归模型在水文学领域的应用还处于尝试阶段。Cox 回归模型自 Smith 和 Karr[19]于 1986 年改进用于洪水频率分析后，在气象水文领域应用得并不多。

Villarini 等[20]于 2013 年将 Cox 回归模型应用到美国艾奥瓦州地区的洪水分析中。在这一期间，Cox 回归模型被大量应用到"幸存(survival)"分析中。近些年来，一些研究者将 Cox 回归模型作为一种创新的方法来模拟自然科学中时间变化的事件(time-to-event)：Anthony 等[21]将 Cox 模型用来分析珊瑚死亡的风险对温度、光线和沉积机制的响应；Angilletta 等[22]用 Cox 模型来分析巴西一种蚂蚁的热耐受性；Maia 和 Meinke[23,24]则将 Cox 回归模型用于气候变化影响下的季节降水预测。

　　Cox 模型可模拟点过程数据，并将外在的、时间变化的物理成因信息纳入极端降水频率分析中[19]。Cox 回归模型，简而言之，就是极端降水发生率(年内尺度)随时间变化的泊松过程(非平稳性泊松过程)；在特殊的情况下，极端降水发生率恒定，Cox 回归模型简化为平稳性的泊松过程。平稳性的泊松过程表示极端降水过程不具有时间集聚性，非平稳性的泊松过程则相反。Cox 模型是一个非常有用且功能强大的模型，本书用它来检验极端降水发生率(年内尺度)是否依赖协变量过程。

　　对于 POT(peak over threshold)抽样极端降水过程序列，极端降水发生时间和相应量级为[19,20]

$$\left\{T_{i,j}, X_{i,j}; i=1,\cdots,n; j=1,\cdots,M_i\right\} \tag{5-1}$$

式中，n 为降水序列的总年数；M_i 为第 i 年极端降水发生的总次数；$T_{i,j}$ 为第 i 年第 j 场极端降水发生的时间(d)；$X_{i,j}$ 为第 i 年第 j 场极端降水发生的量级(mm)。极端降水发生的点过程计算如下[23,24]：

$$N_i(t) = \sum_{j=1}^{M_i} 1(T_{i,j} \leqslant t) \tag{5-2}$$

式中，$t \in [0,T]$，0 为每年起始时间，T 为每年结束的最后一天，即 365 或者 366。通过极端降水每次发生的量级 x，式(5-2)可以细化为[19,23]

$$N_i^x = \sum_{j=1}^{M_i} 1(X_{i,j} \leqslant t) \tag{5-3}$$

式中，$\left\{N_i^x, t \in [0,T]\right\}$ 是具有独立离散区间的泊松过程，符合泊松分布[19,23]：

$$Pr\left\{N_i^x(t) = k\right\} = \frac{\exp\left\{-\int_0^t \lambda(u)\mathrm{d}u\right\}\left[\int_0^t \lambda(u)\mathrm{d}u\right]^k}{k!} \tag{5-4}$$

式中，k 表示极端降水次数；$\lambda(u)$（$u \in [0,T]$）是一个非负函数，代表极端降水过程的时间变化的发生率。如果 $\lambda(u)$ 在区间 $u \in [0,T]$ 中为常量，则极端降水过程为平稳性的泊松过程。集聚性用来表征极端降水过程不符合平稳性的泊松过程，极端降水发生率 $\lambda(u)$ 随时间或者协变量而变化。Cox 过程是双重随机泊松过程：泊松过程的随机性和泊松过程中的发生率同时随机变化。Cox 过程中，$\lambda(u)$ 是一个随机过程。在离散区间中，给定 $\lambda(u)$，极端降水发生次数 $N_i^x(t)$ 符合条件泊松分布：

$$Pr\left\{N_i^x(t) = k \mid \lambda(u), u \leqslant t\right\} = \frac{\exp\left\{-\int_0^t \lambda(u)\mathrm{d}u\right\}\left[\int_0^t \lambda(u)\mathrm{d}u\right]^k}{k!} \tag{5-5}$$

在 Cox 过程中，一个事件发生的概率与另一个事件紧密联系，并且概率变大还是变小取决于条件泊松分布的性质。给定 $\lambda(u)$ 时，极端降水发生次数符合泊松分布，非条件分布则不满足泊松过程。Cox 模型可以用来模拟事件的随机爆发和沉寂。在 Smith 和 Karr[19]构建的 Cox 频率分析模型中，极端事件发生率 $\lambda(u)$ 依赖于协变量过程：

$$\lambda_i(t) = \lambda_0(t)\exp\left[\sum_{j=1}^m \beta_j Z_{ij}(t)\right] \tag{5-6}$$

式中，$\lambda_0(t)$（$t \in [0,T]$）是非负的时间函数，也称为基准风险函数；$Z_{ij}(t)$ 为第 i 年第 j 个协变量函数；β_j 为第 j 个协变量函数的系数；$\lambda_i(t)$ 为第 i 年极端降水发生率，也称为条件密度函数或者风险函数；m 为协变量总数。对第 i 年和第 i' 年，风险率（hazard ratio，HR）计算如下：

$$\mathrm{HR} = \frac{\lambda_i(t)}{\lambda_{i'}(t)} = \frac{\lambda_0(t)\exp\left[Z_i(t)\beta\right]}{\lambda_0(t)\exp\left[Z_{i'}(t)\beta\right]} = \frac{\exp\left[Z_i(t)\beta\right]}{\exp\left[Z_{i'}(t)\beta\right]} \tag{5-7}$$

式中，HR 是时间独立的，表示单位气候因子的变化引起极端降水发生率的变化大小。此时，Cox 模型变成了比例风险模型（proportion-hazards model，PHM）。采用局部似然函数估计协变量系数 β：

$$\ell(\beta) = \prod_{i=1}^n \prod_{t>0}\left(\frac{\exp\left[Z_i(t_i)\beta\right]}{\sum_j \exp\left[Z_j(t_j)\beta\right]}\right)^{\mathrm{d}N_i(t)} \tag{5-8}$$

式中，$N_i(t)$ 为第 i 年在时间 $[0,t]$ 内发生的极端降水次数。在 Cox 回归模型中，事件的随机爆发或者沉寂明确由协变量过程 Z_{ij} 驱动[式(5-8)]。在实际应用中，极端降水发生时间的集聚性也由协变量代表的外在物理过程引发。使用 Efron 法概算极端降水发生时间中出现结点的情况（不同年份中在同一天发生了极端降水事件）。Efron 法具有精度高和有效性好等性能[23]。

对协变量 Z_j（$j = 1,\cdots,m$），将最小 AIC（Akaike information criterion，赤池信息准则）值作为准则，阶梯式逐步筛选最佳拟合协变量。对于协变量能否充分拟合极端降水发生时间数据，采用卡方检验。卡方检验可用来检验最终拟合模型是否满足比例风险模型（PHM）假设：卡方检验 P 值大于 0.05 表明满足 PHM 假设。

5.1.2 POT 抽样

POT 方法是选取大于指定阈值的观测值从而组成新样本序列的一种抽样方法，多用于洪水分析，也被广泛应用于极端降水分析[24]。为了基于多气候因子对淮河流域降水风险进行预测，本书选取日降水序列中有降水发生的数据组成新的序列，将新序列的 85%、90%、95% 和 99% 分位数值分别作为 POT 抽样的阈值（分别记为 85 th、90 th、95 th 和 99 th），获得 POT 抽样的极端降水序列。

5.1.3 卡方检验

卡方检验是由现代统计学创始人之一 K. Perason 于 1900 年提出的一种用途很广的假设检验方法[25,26]。卡方检验主要用于两个或多个率（或者构成比）之间的比较。卡方检验的统计量是卡方值，它反映统计样本的实际观测值与理论推断值之间的偏离程度：卡方值越大，表示实际观测值与理论推断值之间越不符合；相反，卡方值越小，则两者越趋于符合；卡方值为 0，表明理论值完全符合实际值。

5.1.4 t 检验

设 A、B 两种气候状态下的平均值分别为 $\bar{x}_A$、$\bar{x}_B$，方差分别为 s_A^2、s_B^2，样本数分别为 n_A、n_B，则可用 t 检验法来检验两个样本的总体平均值有无显著差异。在给定置信度水平下，通过统计值判定两个样本是否有显著性差异[27]。

5.2 多气候因子对季节降水的联合影响

5.2.1 季节降水与气候因子的相关分析

为探究 ENSO、NAO、IOD 和 PDO 对淮河流域季节降水的可能影响，计算了 ENSO、NAO、IOD 和 PDO 因子与淮河流域季节降水的 REOF 时间系数的皮尔逊相关系数。由于气候因子能够影响流域当年与次一年的降水，还分析了前一年与当年气候因子和各季节降水 REOF 时间系数的相关关系。为了判定这种相关关系的稳定性，计算了前一年和当年各大尺度气候因子与季节降水的 REOF 时间系数的滑动相关系数，滑动相关以 5 年为一个滑动步长，每个滑动相关系数至少维持 21 年的样本长度。

需要说明的是，本书中涉及的所有气候因子年平均值中"年"的定义均指当年 3 月至次年 2 月。

1. 季节降水 REOF 因子的选取

经旋转经验正交分解后，淮河流域四季降水、年降水距平序列前 5 个模态累积解释方差分别达到了春季 78.71%、夏季 72.54%、秋季 81.46%、冬季 90.14%、全年 75%，满足了一般需要达到 50% 及以上的需求，因此选择前 5 个模态进行分析。对各季节降水序列进行经验正交分解，分别取 5 个、8 个、11 个、14 个模态时的解释方差，见图 5-1。对夏季降水序列，进行 11 次旋转后，从第 6 个模态开始，解释方差急剧变化并趋近于 0，前 5 个模态的解释方差占总方差的比例分别为 12.88%、12.80%、11.23%、9.70% 和 8.05%。对秋季降水序列，进行 11 次旋转后，从第 5 个模态开始，解释方差发生急剧变化，前 5 个模态的解释方差占总方差的比例分别为 18.07%、11.83%、9.29%、8.75% 和 8.16%。相同地，对春季降水序列，进行 11 次旋转后，前 5 个模态的解释方差占总方差的比例分别为 20.28%、18.22%、12.30%、8.55% 和 6.54%。对冬季降水序列，前 5 个模态的解释方差占总方差的比例分别为 35.88%、15.82%、12.76%、10.31% 和 5.81%。与各季节降水相比，进行 11 次旋转后，全年降水序列前 5 个模态的解释方差占总方差的比例分别为 11.79%、10.54%、10.29%、9.91% 和 9.90%。

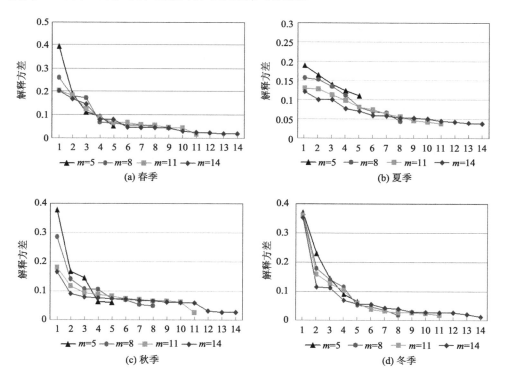

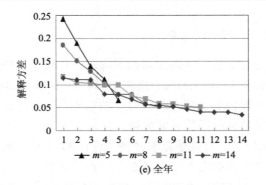

图 5-1　春、夏、秋、冬季以及全年降水序列 REOF

m 为模态数

2. 气候因子对季节降水时间系数的影响

本书计算了各气候因子与各季节及年降水序列时间系数之间的皮尔逊相关系数，以分析各大尺度气候因子与流域季节降水的遥相关关系，如图 5-2 所示。从图 5-2 可以看出，淮河流域年降水序列旋转经验正交分解的 PC1 模态受到同一年 PDO 的显著负相关影响，PC4 模态则受同一年 PDO 的显著负相关影响以及前一年 IOD 的显著正相关影响。

就季节降水序列而言，对春季降水序列，旋转经验正交分解的 PC4 模态受到同一年 ENSO 显著的负相关影响。对夏季降水序列，同一年 PDO 及前一年 IOD 对旋转经验正交分解的 PC3 模态分别有显著的负相关、正相关影响；而同一年 PDO 对 PC4 模态有显著的负相关影响。对秋季降水序列，旋转经验正交分解的 PC3 受到前一年 IOD 显著的负相关影响；前一年 PDO 与同一年 PDO 对流域秋季降水序列 PC4 模态有显著的负相关影响，而同一年的 NAO 则对秋季降水序列 PC4 模态有显著的正相关影响。对冬季降水序列，旋转经验正交分解的 PC2 模态受到同一年 NAO 显著的正相关影响，前一年 PDO 则对 PC5 模态有显著的负相关影响。

5.2.2　气候因子对季节降水序列空间模态的影响

各季节降水距平序列 REOF 的空间模态分布见图 5-3～图 5-6。从图 5-3 可以看出，春季降水距平序列与空间模态相对应的 PC4 受到气候因子的显著影响（图 5-2）。结合图 5-2 和图 5-3 可以看出，同一年负的 ENSO 事件趋向于分别引起流域西北部和南部地区春季降水量的显著增加和减少（图 5-3，REOF4）。

	PC1	PC2	PC3	PC4	PC5	PC1	PC2	PC3	PC4	PC5
			春季					夏季		
ENSO-0	-0.12	-0.03	0.1	-0.27	0.01	-0.06	-0.03	0.03	-0.13	0.05
ENSO-1	-0.02	0.13	0.05	-0.09	0.03	0.06	-0.04	-0.02	-0.08	0.11
NAO-0	-0.05	-0.01	-0.22	0.16	-0.13	-0.13	0.01	-0.14	-0.2	-0.02
NAO-1	-0.17	-0.12	0.03	-0.15	-0.24	0.17	0.11	-0.15	-0.17	0.18
PDO-0	-0.13	-0.03	-0.2	-0.01	0.09	0.12	-0.05	-0.41	-0.33	0.1
PDO-1	-0.05	0.02	-0.17	0.06	-0.04	0.004	-0.08	-0.09	-0.19	-0.17
IOD-0	-0.04	-0.1	0.002	-0.1	0.07	0.02	0.03	-0.12	-0.12	-0.004
IOD-1	0.18	0.2	0.19	0.07	0.11	0.15	0.23	0.3	-0.04	-0.19
			秋季					冬季		
ENSO-0	-0.05	0.03	-0.09	-0.07	0.16	0.03	0.07	-0.05	-0.02	0.11
ENSO-1	-0.004	0.17	-0.17	0.001	0.07	-0.23	-0.04	-0.17	0.03	-0.09
NAO-0	0.03	0.12	0.02	0.29	0.01	0.24	0.27	-0.06	0.09	0.07
NAO-1	0.08	0.18	-0.02	0.01	-0.05	0.12	0.07	0.07	0.02	0.04
PDO-0	0.1	-0.19	-0.17	-0.29	-0.16	-0.1	0.01	0.04	0.16	-0.18
PDO-1	0.05	-0.02	0.11	-0.25	-0.17	-0.08	-0.05	-0.01	0.02	-0.3
IOD-0	-0.15	0.04	-0.06	0.03	-0.002	-0.11	-0.03	-0.004	0.01	0.01
IOD-1	-0.15	-0.05	-0.26	-0.16	-0.11	-0.11	-0.13	-0.06	-0.16	0.08
			全年							
ENSO-0	-0.04	-0.14	-0.04	0.05	-0.18					
ENSO-1	-0.01	-0.07	0.04	0.07	-0.1					
NAO-0	-0.06	0.02	-0.12	-0.04	-0.12					
NAO-1	-0.01	0.03	0.16	-0.14	0.03					
PDO-0	0.59	-0.004	0.14	-0.27	-0.23					
PDO-1	-0.19	-0.02	0.03	-0.04	-0.02					
IOD-0	-0.11	-0.11	-0.03	-0.1	-0.09					
IOD-1	0.05	0.2	-0.01	0.3	-0.14					

＞0.25　　0.2　　0.1　　-0.1　　-0.2　　＜-0.25

图 5-2　各 REOF 时间系数和气候因子之间的皮尔逊相关系数分布图

气候因子后面的"0"和"1"分别表示其发生年比各降水序列提前 0 年和 1 年；深色表示相关系数达到 95%显著性水平（大于等于 0.25）；PC1～PC5 指主成分 1～5

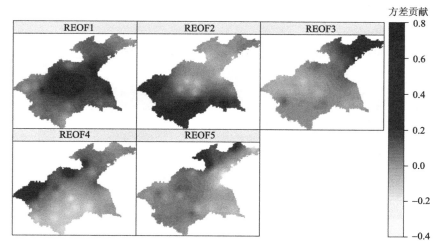

图 5-3　春季降水距平序列 REOF 空间模态分布图

　　从图 5-4 可以看出，夏季降水距平序列 REOF 的 PC3、PC4 模态受气候因子影响显著（图 5-2）。结合图 5-2 和图 5-4 可以看出，流域北部山东沿海诸河、淮河水系的夏季降水受同一年负的 PDO 和前一年正的 IOD 的影响而分别增加与减少（图 5-4，REOF3）。

　　结合图 5-2 和图 5-5 可以看出，秋季降水距平序列与空间模态相对应的 PC3、PC4 受到气候因子的显著影响。从图 5-5 可以看出，前一年负的 IOD 对流域东南部降水影响显著并有增加的趋势（图 5-5，REOF3）。受到同一年正的 NAO 以及前一年和当年负的 PDO 的联合影响，流域中部秋季降水有较弱的减少的趋势（图 5-5，REOF4）。

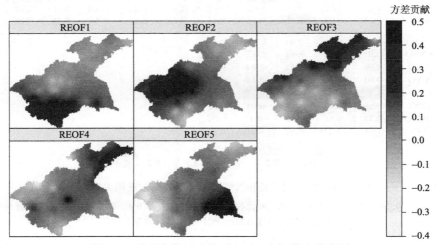

图 5-4　夏季降水距平序列 REOF 空间模态分布图

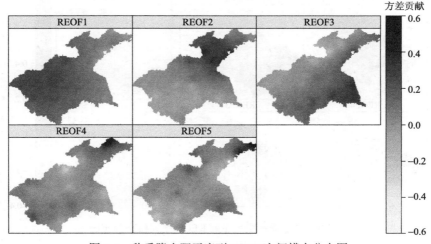

图 5-5　秋季降水距平序列 REOF 空间模态分布图

结合图 5-2 和图 5-6 可以看出，冬季降水距平序列与空间模态相对应的 PC2、PC5 受到气候因子的显著影响。从图 5-6 可以看出，受到同一年正的 NAO 的影响，流域北部山东沿海诸河和东北部地区降水有增加的趋势（图 5-6，REOF2）；受到前一年负的 PDO 的影响，流域西北部降水有增加的趋势，而流域北部山东沿海诸河有较弱的减少趋势（图 5-6，REOF5）。

对年降水序列（图 5-7 和图 5-2）而言，年降水距平序列 REOF 的 PC1、PC4 模态受气候因子的影响显著。从图 5-7 可以看出，受到同一年负的 PDO 的影响，

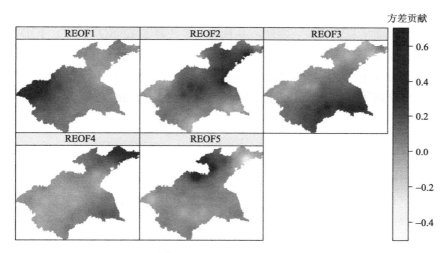

图 5-6 冬季降水距平序列 REOF 空间模态分布图

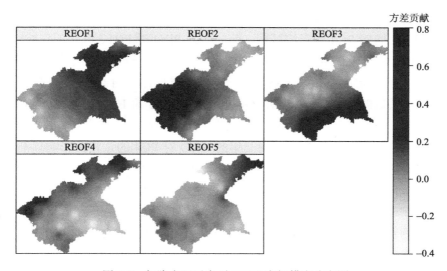

图 5-7 年降水距平序列 REOF 空间模态分布图

流域北部和东北部地区降水有显著的增加趋势，流域西南部有较弱的减少趋势（图 5-7，REOF1）；受到同一年负的 PDO 和前一年负的 IOD 的共同影响，淮河水系的年降水量有减少的趋势（图 5-7，REOF4）。

5.2.3　气候因子对季节降水序列、年降水序列影响的稳定性

前文已经分析了气候因子对季节降水序列和年降水序列的 REOF 的时间系数的显著影响以及可能造成的空间上的趋势变化。但是，由于 ENSO、NAO、IOD、PDO 等大尺度气候因子的影响范围广，它们对某一小区域或小流域范围的影响随时间变化具有非平稳性特征。因此，本书进一步计算了 ENSO、NAO、IOD、PDO 等大尺度气候因子与季节降水序列、年降水序列 REOF 的时间系数之间的滑动相关系数，这对判定大尺度气候因子对流域季节降水影响的稳定性以及长期预测季节降水具有非常重要的意义。本小节以 1961 年为起始年份，以 5 年为一个滑动步长，每个滑动相关系数至少维持 21 年的样本长度（1961～1981 年最终滑动到 1991～2011 年）。

图 5-8 给出了当年与前一年各大尺度气候因子与春季降水的 REOF 时间系数的滑动相关系数。从图 5-8 可以得出，前一年 ENSO 对 PC4 的负相关影响呈明显增强趋势，对 PC1、PC5 的负相关、正相关影响在 1971 年后转为弱的正相关、负相关影响，且它对 PC2 的正相关影响有增强趋势。前一年的 NAO 对 PC1、PC4、PC5 的影响均是从负相关到正相关再到负相关，而对 PC3 的正相关影响较为稳定，对 PC2 的正相关影响有减弱的趋势。前一年的 IOD 对 PC1、PC2 一直保持稳定的正相关影响，对 PC3、PC5 的正相关影响在 1971 年后转为弱的负相关影响，而它对 PC4 的影响减弱。前一年的 PDO 对 PC1、PC2 的影响由负相关在 1981 年后转为正相关，它与 PC4 和 PC5 之间有较稳定的正相关关系而与 PC3 之间有较稳定的负相关关系。同一年的各气候因子对春季降水序列距平值 REOF 时间系数的影响与前一年的不尽相同。同一年的 ENSO 对 PC4 的负相关影响呈明显增强趋势，并且对 PC3 的正相关影响也有显著增强趋势，对 PC2 的负相关影响有明显的减弱趋势。同一年的 NAO 对 PC4 的正相关影响逐渐减弱，它对 PC1、PC2、PC5 的影响较弱，并从弱的正相关影响转为弱的负相关影响。同一年的 IOD 对 PC1、PC2 的影响较弱，对 PC3～PC5 由负相关影响转为弱的正相关影响，且在 1981 年后对 PC5 的正相关影响加强。同一年的 PDO 对 PC2、PC4 的影响较弱，对 PC1、PC3 的负相关影响有加强的趋势，对 PC5 的正相关影响比较稳定。

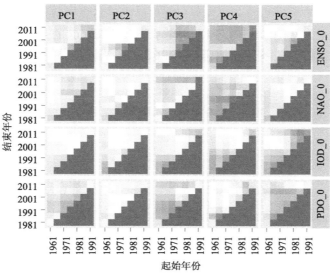

(a) 当年气候因子与春季降水各REOF时间系数的相关系数

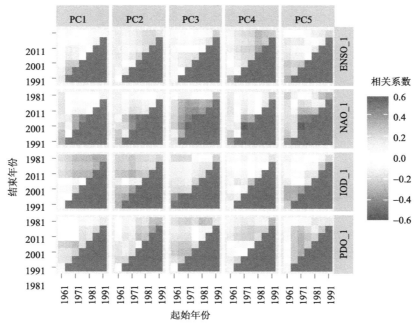

(b) 前一年气候因子与春季降水各REOF时间系数的相关系数

图 5-8　春季降水各 REOF 时间系数与气候因子之间的滑动相关系数

　　图 5-9 给出了当年与前一年各大尺度气候因子与夏季降水的 REOF 时间系数的滑动相关系数。从图 5-9 可以得出，夏季降水的 REOF 的 PC5 模态与前一年的 ENSO 之间的正相关关系逐渐增强，而 PC2、PC3、PC4 模态与前一年的 ENSO

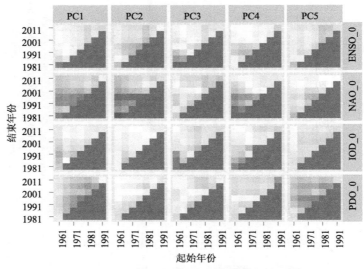

(a) 当年气候因子与夏季降水各REOF时间系数的相关系数

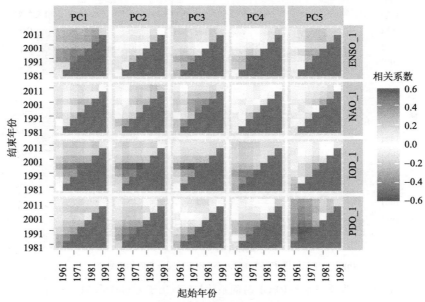

(b) 前一年气候因子与夏季降水各REOF时间系数的相关系数

图 5-9　夏季降水各 REOF 时间系数与气候因子之间的滑动相关系数

之间的负相关关系逐渐减弱，特别是 PC1 模态与前一年的 ENSO 之间弱的负相关关系在 1971 年后转为弱的正相关关系。PC1、PC2 模态与前一年的 NAO 之间有较稳定的弱的正相关关系，而 PC3、PC4 模态与前一年的 NAO 之间的相关性不强，PC5 模态与前一年的 NAO 之间的正相关关系却逐渐加强。PC1 模态与前一年的 IOD 之间的相关性较弱，PC2、PC3 模态与前一年的 IOD 之间的正相关关系却逐渐增强，PC5 模态则与前一年的 IOD 之间弱的负相关关系逐渐增强。PC1、PC2、PC5 模态与前一年的 PDO 之间的相关性较弱，PC3 和 PC4 模态与前一年的 PDO 之间由负相关关系转为弱的正相关关系。与前一年的指标不同，PC1、PC2、PC5 模态与同一年的 ENSO 之间的相关性并不明显，PC3 模态与同一年的 ENSO 之间弱的负相关关系在 1971 年后转为正相关关系，PC4 模态则与同一年的 ENSO 之间的负相关关系较弱。PC1、PC2、PC5 模态与同一年的 NAO 之间的相关性较弱，PC4 模态与同一年的 NAO 之间的负相关关系则逐渐增强。PC1、PC2、PC5 模态与同一年的 IOD 之间的相关性较弱，而 PC3、PC4 模态与同一年的 IOD 之间弱的负相关关系有转为正相关关系的趋势。PC3 模态与同一年的 PDO 的负相关关系比较稳定，PC1、PC2 模态与同一年的 PDO 之间的相关关系有增强的趋势。

　　图 5-10 给出了当年与前一年各大尺度气候因子与秋季降水的 REOF 时间系数的滑动相关系数。从图 5-10 可以看出，前一年的 ENSO 对 PC3、PC2 的负相关影响、正相关影响较稳定，对 PC1、PC5 由弱的负相关关系转为弱的正相关关系，对 PC4 的影响则不明显。前一年的 NAO 与 PC1、PC3、PC4、PC5 之间的相关性较弱，而与 PC2 之间的正相关关系逐渐加强。PC2、PC4、PC5 模态受前一年 IOD 的影响并不明显，PC3 模态与前一年的 IOD 之间的负相关关系比较稳定，前一年 IOD 对 PC1 由弱的正相关影响转为弱的负相关影响。前一年的 PDO 对 PC1、PC3 的弱的正相关影响较稳定，对 PC2、PC5 的影响不明显，与 PC4 之间的负相关关系较稳定。同一年的 ENSO 对 PC5 的正相关影响逐渐加强，而对 PC2 的正相关影响较弱，对 PC3 的负相关影响由强变弱，而与 PC4 模态之间的相关性并不明显。PC1、PC2、PC3、PC5 模态与同一年的 NAO 之间的相关性较弱，仅 PC4 模态与同一年的 NAO 之间的正相关关系有逐渐增强的趋势。PC1、PC2、PC4、PC5 模态受同一年的 IOD 的影响不显著，PC3 模态与同一年的 IOD 之间的负相关关系较强且较稳定。PC2、PC5 模态受同一年的 PDO 的影响不显著，而 PC3、PC4 受同一年的 PDO 的负相关影响逐渐减弱。

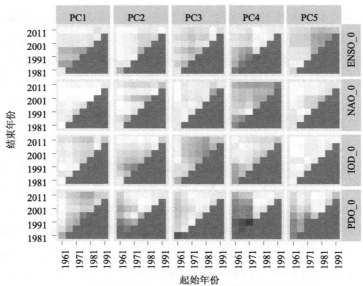

(a) 当年气候因子与秋季降水各REOF时间系数的相关系数

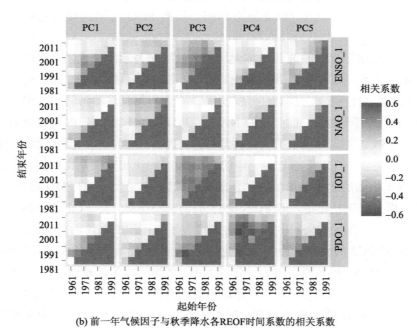

(b) 前一年气候因子与秋季降水各REOF时间系数的相关系数

图 5-10　秋季降水各 REOF 时间系数与气候因子之间的滑动相关系数

　　图 5-11 给出了当年与前一年各大尺度气候因子与冬季降水的 REOF 时间系数的滑动相关系数。从图 5-11 可以看出，前一年的 ENSO 对 PC1～PC5 的弱的负相

关影响均不显著。前一年的 NAO 同样对 PC4、PC5 的影响不显著，对 PC1～PC3
有弱的正相关影响且该影响在 1970 年后比较稳定。前一年的 IOD 对 PC5 的影响
不明显，对 PC2～PC4 的负相关影响比较稳定，且所有影响在 1980 年后均逐渐

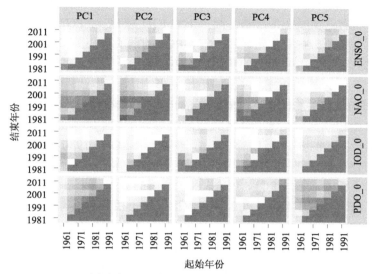

(a) 当年气候因子与冬季降水各REOF时间系数的相关系数

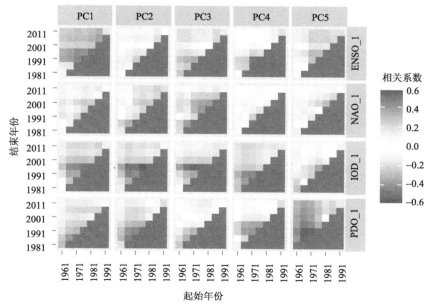

(b) 前一年气候因子与冬季降水各REOF时间系数的相关系数

图 5-11　冬季降水各 REOF 时间系数与气候因子之间的滑动相关系数

减弱。PC1～PC4 与前一年的 PDO 之间弱的负相关关系逐渐减弱，PC5 与前一年的 PDO 之间的负相关关系则较强，但在 1980 年后逐渐减弱。同一年的 ENSO 对 PC1、PC3、PC4 的影响较弱且不稳定，对 PC2、PC5 的弱的正相关影响较稳定。同一年的 NAO 对 PC1、PC2 的影响较稳定，对 PC3、PC5 的影响较弱，对 PC4 的正相关影响有逐渐减弱的趋势。同一年的 IOD 对 PC1、PC2 的影响不明显，对 PC5 的弱的负相关影响较稳定，对 PC3、PC4 的弱的负相关影响和正相关影响有逐渐转为弱的正相关影响和弱的负相关影响的趋势。同一年的 PDO 对 PC2、PC3 的影响比较不稳定，对 PC1、PC5 的负相关影响均呈现先增强后减弱的趋势，而对 PC4 的弱的负相关影响有逐渐转成弱的正相关影响的趋势。

　　图 5-12 给出了当年与前一年各大尺度气候因子与年降水的 REOF 时间系数的滑动相关系数。从图 5-12 可以看出，前一年的 ENSO 在 1980 年前对 PC1、PC2、PC3、PC5 的影响均表现为较稳定的负相关，而在 1980 年后对 PC3 的影响由负相关转为弱的正相关，它与 PC1、PC2、PC5 之间的负相关关系在 1980 年后逐渐减弱。前一年的 NAO 对 PC1～PC3 均有较稳定的正相关影响，而对 PC4、PC5 的正相关影响和负相关影响均较弱且不稳定。前一年的 IOD 对 PC4 的正相关影响和对 PC5 的负相关影响较稳定，对 PC2 的弱的正相关影响逐渐增强，对 PC1 的负相关影响逐渐减弱并有转为正相关影响的趋势，对 PC3 的影响则不明显。前一年

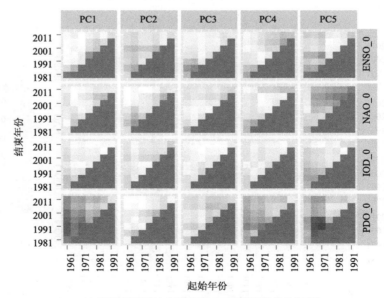

(a) 当年气候因子与年降水各REOF时间系数的相关系数

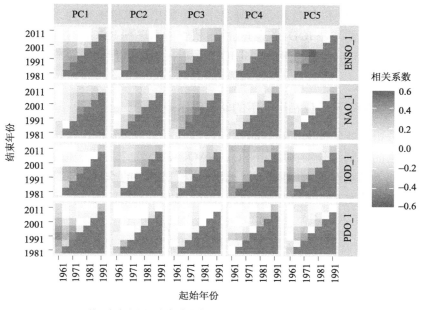

(b) 前一年气候因子与年降水各REOF时间系数的相关系数

图 5-12　年降水各 REOF 时间系数与气候因子之间的滑动相关系数

的 PDO 对 PC2～PC5 的影响不明显，对 PC1 的负相关影响有逐渐减弱的趋势。同一年的 ENSO 对 PC2 和 PC5 有弱的负相关影响，而对 PC1、PC3、PC4 的弱的负相关影响有逐渐转成正相关影响的趋势。同一年的 NAO 对 PC1、PC3、PC4 的影响均较弱，仅对 PC5 的负相关影响在 1965 年后有逐渐增强的趋势。同一年的 IOD 对 PC1～PC4 的影响均较弱，对 PC5 的负相关影响逐渐减弱并有转为正相关影响的趋势。PC1、PC4 与同一年的 PDO 之间的负相关关系以及 PC3 与同一年的 PDO 之间的正相关关系均比较稳定，而 PC2 模态与同一年的 PDO 之间的相关性不强。

　　结合图 5-2、图 5-8～图 5-12 可以看出，各大尺度气候因子与季节降水距平序列 REOF 的时间系数之间有明显的相关性(图 5-8～图 5-11)，这种相关性往往表现出相关的稳定性及前后的一致性(如春季 ENSO_0 与 PC4；夏季 PDO_0 与 PC3，IOD_1 与 PC3；秋季 NAO_0、PDO_1 与 PC4，IOD_1 与 PC3；冬季 PDO_1 与 PC5，NAO_0 与 PC1、PC2 等，图 5-2、图 5-8～图 5-11)，这有助于利用气候因子对季节降水进行预测。对年降水距平序列而言，其 REOF 时间系数与季节降水具有相似特征(如 PDO_0 与 PC1、PC4；IOD_1 与 PC4 等，图 5-2 和图 5-12)，但其相关强度和强度增加程度总体上不如冬、夏季降水序列，这说明基于大尺度气候因子的季节降水预测比年降水预测的精度可能更高。从大尺度气候因子来看，相比于

ENSO、NAO，PDO 和 IOD 与季节降水序列分解出的 REOF 时间系数之间具有更稳定的相关性，尤其是 IOD，它与夏季、秋季降水序列 REOF 时间系数之间的相关性更强且更稳定。因此，PDO 和 IOD 可能比较适合作为季节降水预测的气候因子。

5.2.4 各气候因子不同位相影响下的季节降水差异

本书分析了各气候因子冷、暖位相(时期)对季节降水的影响，并尝试探讨这种影响产生的机制。分别提取 ENSO、NAO、IOD 处于冷、暖位相和 PDO 处于冷、暖时期下的四季降水序列，并计算冷位相(时期)的季节降水量相对于暖位相(时期)的季节降水量的变化幅度，再用 Mann-Whitney U 检测法检测冷、暖位相(时期)的季节降水序列的差异在 95%的显著度下是否显著。

1. 单一气候因子的影响

图 5-13～图 5-16 给出了淮河流域 ENSO、IOD、NAO、PDO 下冷位相与暖位相的季节降水差值。

图 5-13 展示了 ENSO、IOD、NAO、PDO 冷暖位相(时期)下的春季降水的差异。相对于 ENSO 暖位相，在 ENSO 冷位相下，淮河流域西部和山东沿海诸河的

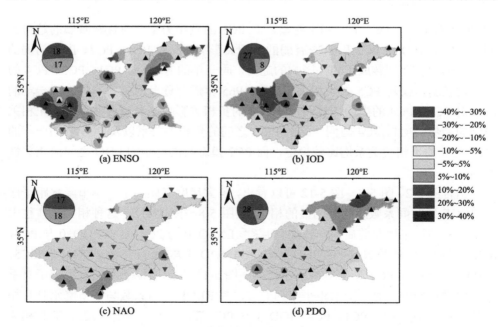

图 5-13 单一气候因子不同冷暖位相(时期)对春季降水的影响

向上三角为正影响；向下三角为负影响；下同

春季降水量呈增加趋势的站点有 18 个，其中日照站的增加幅度达到了 20.22%；流域中部和南部地区 17 个站点在 ENSO 冷位相下的降水量低于暖位相下的降水量，其中济南站的减小幅度最大，为 24.54%。ENSO 冷暖位相下，没有任何一个站点的春季降水差异通过显著性检验。77%的站点在 IOD 冷位相下的降水量要大于 IOD 暖位相下的降水量，仅有 8 个站点的降水量呈减少趋势。NAO 冷暖位相下的春季降水量的异常情况与 ENSO 较为相似，只是其增加幅度比 ENSO 冷暖位相下的差异幅度要小，最大仅达到 15.36%。PDO 冷时期的春季降水量较暖时期的降水量呈增加趋势的站点有 28 个，主要分布在山东沿海诸河和淮河水系的南部地区。

图 5-14 展示了 ENSO、IOD、NAO、PDO 冷暖位相（时期）下的夏季降水的差异。淮河水系上游和山东沿海诸河区域有 24 个站点在 ENSO 冷位相下的夏季降水量相较于 ENSO 暖位相下的夏季降水量表现出增加的趋势。这 24 个呈增加趋势的站点中有 5 个通过了 95%的显著性水平检验；但是南部淮河水系地区 11 个站点在 ENSO 冷位相下的夏季降水量相较于 ENSO 暖位相下的夏季降水量表现出减少的趋势。相对于 IOD 暖位相，IOD 冷位相下的夏季降水量呈增加趋势的站点有 21 个，这些站点大多位于山东沿海诸河，其中潍坊站变化幅度最大，达到了 55.12%。与 ENSO 对夏季降水的影响情况相似，流域南部的淮河水系有 19 个站

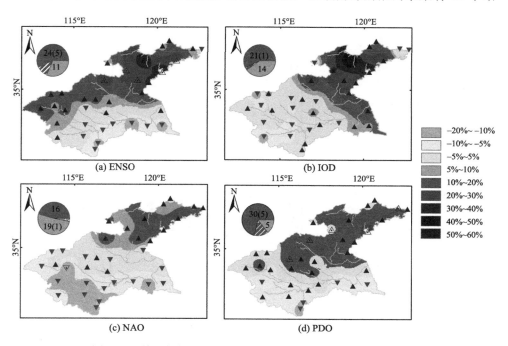

图 5-14　单一气候因子不同冷暖位相（时期）对夏季降水的影响

点在NAO冷位相下的夏季降水量相较于NAO暖位相下的夏季降水量表现出下降的趋势，其中西华站的下降幅度最大，达到近20%。流域北部的30个站点在PDO冷时期下的夏季降水量相较于PDO暖时期下的夏季降水量表现出增加的趋势，其中有5个站点通过了95%的显著性水平检验。

　　图5-15展示了ENSO、IOD、NAO、PDO冷暖位相（时期）下秋季降水的差异。全流域35个站点在ENSO冷位相下的秋季降水量相较于ENSO暖位相下的秋季降水量表现出增加的趋势，且有7个站点通过了95%的显著性水平检验，呈显著增加趋势，日照站、青岛站的增加幅度最大。对IOD而言，冷位相下的秋季降水量相较于暖位相下的秋季降水量表现出增加的趋势的站点有19个，表现出下降的趋势的站点则有16个，穿插分布在流域各个地区。NAO冷位相下的秋季降水量相较于暖位相下的秋季降水量表现出增加趋势的站点有31个，集中分布在流域北部山东沿海诸河以及淮河水系北部地区，流域南部淮河水系有3个站点呈现轻度下降趋势，下降幅度不显著。流域北部山东沿海诸河和沂沭泗水系有23个站点在PDO冷时期下的秋季降水量相较于PDO暖时期下的秋季降水量表现出增加的趋势，且有2个站点通过了95%的显著性水平检验，仅淮河水系有12个站点呈下降趋势。

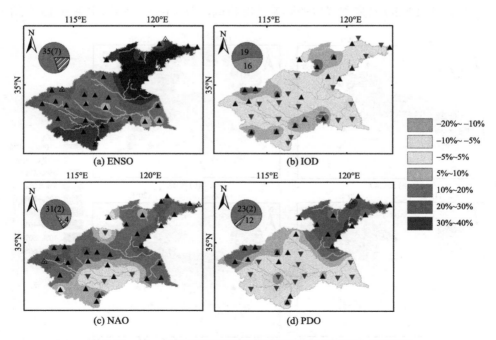

图5-15　单一气候因子不同冷暖位相（时期）对秋季降水的影响

图 5-16 展示了 ENSO、IOD、NAO、PDO 冷暖位相(时期)下冬季降水的差异。对 ENSO 而言，23 个站点在冷位相下的冬季降水量相较于暖位相下的冬季降水量均表现出下降的趋势，这些站点集中分布在流域中部和南部地区，主要在淮河水系的上游，而在流域北部和东部地区有 12 个站点的冬季降水量呈增加趋势。整个流域在 IOD 冷位相下的冬季降水量相较于暖位相下的冬季降水量均表现出增加的趋势，且有 23 个站点通过了 95%的显著性水平检验，通过显著性检验的站点主要分布在淮河水系，增加幅度最大的为郑州站、开封站和许昌站，增加幅度分别达到了 176.2%、150.4%和 126.8%。NAO 冷位相下的冬季降水量相较于暖位相下的冬季降水量表现出下降趋势的站点有 28 个，集中分布在流域南部淮河水系，仅流域北部 7 个站点的冬季降水量呈上升趋势，且上升幅度不大，均低于 20%。对 PDO 而言，冷时期下的冬季降水量相较于暖时期下的冬季降水量表现出增加趋势的站点有 23 个，主要分布在流域中部、南部淮河水系地区，仅流域中部和东北部有 12 个站点的冬季降水量呈下降趋势，且下降幅度均低于 20%。

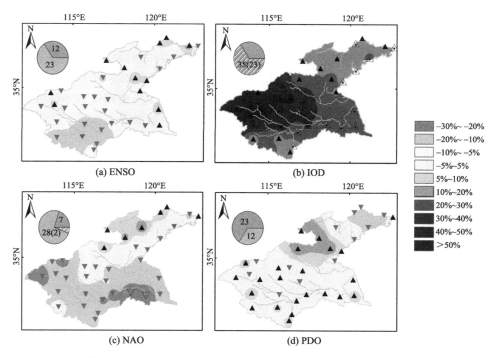

图 5-16　单一气候因子不同冷暖位相(时期)对冬季降水的影响

综合图 5-13～图 5-16，虽然淮河流域夏季降水量在 ENSO、IOD、NAO、PDO 冷位相(时期)相较于暖位相(时期)总体上呈增加趋势，但淮河水系夏季降水量却呈减少趋势。对春季降水而言，四个气候因子的冷位相(时期)使流域降水增加或减少的趋势并不显著。ENSO 冷位相使整个流域的秋季降水量显著增加，NAO 和 PDO 的冷位相（时期）使流域北部山东沿海诸河降水量呈现明显的增加趋势。IOD 的冷位相使流域的冬季降水量显著增加，而流域南部在 ENSO 和 NAO 冷位相下的冬季降水量相较于暖位相下的冬季降水量明显减少。

2. 多个气候因子的联合影响

在分析各气候因子单独影响的基础上，进一步分析了各气候因子冷暖位相（时期）的联合影响。在 PDO 冷暖时期以及 ENSO、NAO 和 IOD 冷暖位相下，分别提取对应年份的季节降水序列，分析两个序列的变化特征，并用 Mann-Whitney U 检验法检测两个序列的差异在 95% 置信度下的显著性。

由于不同位相（时期）下单个气候因子对各季节降水的影响具有较大的差异性（图 5-13～图 5-16），分析各气候因子不同位相（时期）对季节降水的联合影响更有意义。ENSO、NAO、IOD、PDO 分别具有数年、数十年的变化周期，因此分别耦合 ENSO、NAO 和 IOD 冷暖位相与 PDO 冷暖时期，探讨多气候因子联合影响下各季节降水的差异，见图 5-17～图 5-20。

图 5-17 给出了春季降水量在各个气候因子不同位相（时期）联合影响下的差异。从图 5-17 可以看出，PDO 冷时期下，流域西部地区春季降水量在 ENSO 冷位相下呈下降趋势，这与图 5-13(a) 中流域西部在 ENSO 冷位相下春季降水量增加这一情况有差异。PDO 冷时期下，流域北部和西部的春季降水量在 ENSO 暖位相时有所增加。PDO 冷时期下，NAO 暖位相时淮河水系大部分区域的春季降水量明显减少，这与在 NAO 冷位相单独影响下的降水量增加这一情况相反。流域西部在 PDO 冷时期、IOD 暖位相下，相较于 PDO 暖时期、IOD 暖位相下，其春季降水量显著增加，且有 2 个站点通过了 95% 的显著性水平检验。这意味着在 IOD 暖位相时要特别注意 PDO 冷事件的发生，因其易给流域的淮河水系带来更多降水，而导致洪涝灾害的发生。

图 5-18 给出了冬季降水量在各个气候因子不同位相（时期）联合影响下的差异。从图 5-18 可以看出，PDO 冷时期下，ENSO 处于冷位相时，流域北部和西北部大部分区域的冬季降水量呈上升趋势，这与图 5-16(a) 中 ENSO 冷位相引起流域西部冬季降水量下降这一情况有显著差异，因此在 PDO 冷时期应更加关注 ENSO 冷位相的发生；ENSO 处于暖位相时流域北部冬季降水量有一定程度的减少，这也与 ENSO 的单独影响相反。在 NAO 暖位相、PDO 冷时期，淮河水系大部分区域冬季降水量有所增加，这与在 NAO 冷位相的单独影响下淮河水系冬季降水量降低这一情况相反 [图 5-16(c)]。在 PDO 冷时期发生 IOD 冷位相时，流域东北部的冬季降水量显著减少，这与 IOD 单独影响时的情况差异较大，流域东北

部的海阳、威海等地要注意这种气候信号的发生。在 PDO 冷时期，IOD 的暖位相使流域东南部降水有减少的趋势。

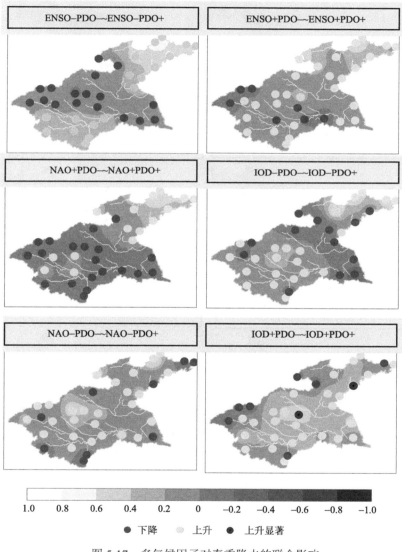

图 5-17　多气候因子对春季降水的联合影响

+为暖位相(时期)；−为冷位相(时期)；下同

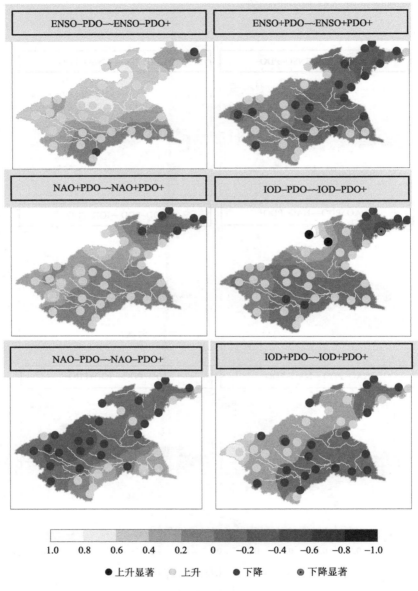

图 5-18　多气候因子对冬季降水的联合影响

　　图 5-19 给出了夏季降水量在各个气候因子不同位相(时期)联合影响下的差异。从图 5-19 可以看出,PDO 冷时期下,流域南部淮河水系的夏季降水量在 ENSO 冷位相和暖位相下均呈下降趋势, 这与图 5-14(a)中 ENSO 单独影响下的情况相

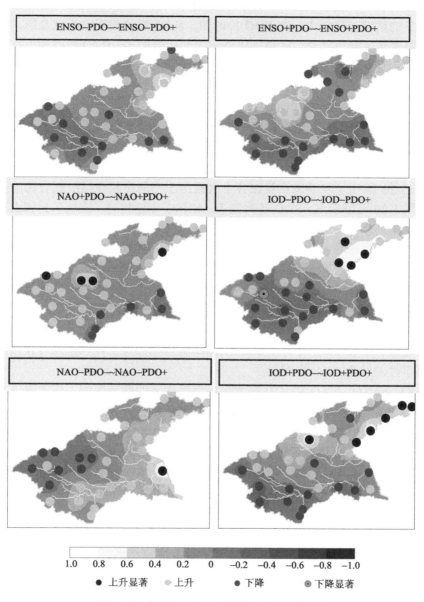

图 5-19　多气候因子对夏季降水的联合影响

似，流域南部在 ENSO 冷位相下的夏季降水量有下降的趋势。但是在 PDO 冷时期，在 ENSO 冷位相和暖位相下流域北部的降水量增加并不明显，这与 ENSO 单独影响下的情况差异较大。在 PDO 冷时期、NAO 暖位相下，流域北部、西部区域夏季降水量大幅度增加，区域性洪涝灾害的风险增加。PDO 冷时期下，流域南部和北部的夏季降水量在 NAO 冷位相下明显增大，而且增加幅度在淮河的下游地区最大，在此地区应该密切关注这种气候信号的发生，以预防这种气候因子组合所产生的洪涝灾害。在 PDO 冷时期，流域北部和东北部的夏季降水量在 IOD 冷位相、暖位相时均显著增多，且在 IOD 暖位相时有 6 个站点通过了 95% 的显著性水平检验，这意味着，在流域北部应密切关注 PDO 冷时期与 IOD 暖位相这一组合的情况，以便及早做好预警，减少洪涝灾害带来的损失。

　　图 5-20 给出了秋季降水量在各个气候因子不同位相(时期)联合影响下的差异。从图 5-20 可以看出，PDO 冷时期下，ENSO 冷位相时，流域东北部山东沿海诸河的秋季降水量呈显著增加趋势，其中有 7 个站点通过了 95% 的显著性水平检验，在这一地区应该重点注意这种气候信号的发生，以便做好防灾减灾工作；但在 PDO 冷时期、ENSO 暖位相时，流域东北部和南部大部分区域的秋季降水量有下降趋势。PDO 冷时期下，无论 NAO 是暖位相还是 NAO 冷位相均使流域西南部、南部大部分区域降水量大幅度减少。在 PDO 冷时期，IOD 暖位相时，流域西部的秋季降水量显著减少，特别是阜阳站和兖州站均通过了 95% 的显著性水平检验，这意味着在 PDO 冷时期要注意 IOD 暖位相的发生，以便及时预报流域西部干旱事件的发生。

　　PDO、ENSO、NAO 和 IOD 等大尺度气候因子的联合影响不仅改变了各气候因子单独对季节降水的正负影响方向，而且改变了其空间分布状况(图 5-17~图 5-20)。淮河流域季节降水受气候因子的联合影响在空间上分布并不完全均匀，没有明显、清晰的变化模式可供识别，且气候因子的联合对不同季节降水的影响的差异较大。例如，在 PDO 冷时期，流域北部区域的春季降水量在 NAO 暖位相下显著减少，而在冷位相下大面积增加；在 PDO 冷时期，流域夏季降水在 NAO 暖位相、IOD 冷位相和暖位相下均显著增加；等等。各气候因子联合影响下的季节降水的空间分布差异与各气候因子单独影响下的季节降水空间分布差异也具有不一致性。虽然各气候因子对淮河流域各季节降水的联合影响机理比较复杂，但是分析各大尺度气候因子对淮河流域季节降水的联合影响对基于气候因子进行季节降水预测具有重要意义，还可为预测洪旱灾害的发生提供预警信号。

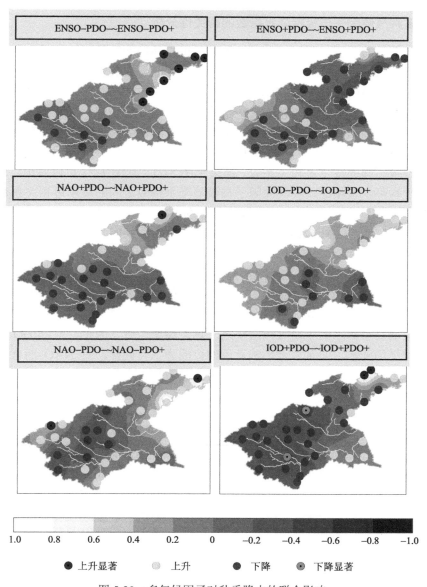

图 5-20 多气候因子对秋季降水的联合影响

5.3　多种气候因子对极端降水事件的影响

5.3.1　多种气候因子与极端降水指数的相关性分析

通过前文的分析，可知 ENSO、NAO、IOD 和 PDO 等气候因子均与季节降水有密切关系，而且不同 ENSO 事件对不同强度降水尤其是高强度降水有显著影响。ENSO、NAO、IOD 和 PDO 等气候因子对极端降水有何影响，这是一个值得讨论的问题。本章选择的极端降水指数分为极端降水强度、极端降水相对性、极端降水绝对性和极端降水持续性四个大的类型，指数具体的类型、名称、定义和单位见表 5-1。本节计算了 ENSO、NAO、IOD 和 PDO 等气候因子与四季各极端降水指数之间的皮尔逊相关系数，结果见图 5-21。从图 5-21 可以看出，与前文的季节平均降水量相比，各气候因子与极端降水指数之间的皮尔逊相关系数并不高，其中 ENSO 和 IOD 与各极端降水指数间的相关系数均在–0.2~0.2 之间，尤其是 ENSO，很多极端气候指数与 ENSO 间的相关系数接近于 0。各气候因子中，NAO 与极端降水指数间的相关系数最高，尤其是秋季和冬季的 R25、R50、R95p 等指数与 NAO 间的相关系数超过了 0.2，是各气候因子中最高的。就极端降水指数而言，CDD、SDII 与各气候因子间的相关系数比其他因子高。对 PDO 而言，夏季极端降水指数与 PDO 间的相关系数比其他季节高，这与 5.2.4 节中 PDO 是影响淮河流域夏季降水的主要气候因子之一这一结果一致，由此可见，PDO 不仅影响夏季的平均降水，而且显著影响夏季的极端降水。同样，对 NAO 而言，秋季极端降水指数与 NAO 间的相关系数比其他季节高，它与秋季极端降水间的关系更为密切。

表 5-1　极端降水指数名称及其定义

指数类型	指数名称	定义	单位
强度	日最大降水量(Rx1day)	年内最大 1 日降水量	mm
	五日最大降水量(Rx5day)	年内最大连续 5 日降水总量	mm
	降水强度(SDII)	年降水量/降水日数	mm/d
相对性	强降水量(R95p)	日降水量>95%分位值的总降水量	mm
	极端强降水量(R99p)	日降水量>99%分位值的总降水量	mm
绝对性	暴雨日数(R50)	日降水量≥50 mm 的日数	d
	大雨日数(R25)	日降水量≥25 mm 的日数	d
持续性	持续降雨期(CWD)	最长的连续降水日数	d
	持续干燥期(CDD)	最长的连续无降水日数	d
	年降水总量(Prcptot)	一年内降水量≥1 mm 的总降水量	mm

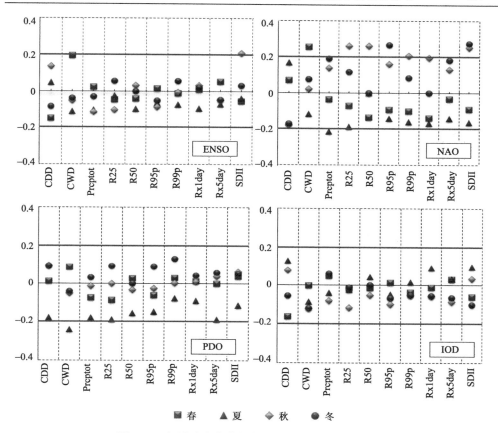

图 5-21　极端降水指数与各气候因子的季节相关性

5.3.2　极端降水指数与气候因子相关的敏感性分析

为分析各极端降水指数与气候因子在年内尺度相关的敏感性，即在年内尺度各极端降水指数对气候因子的响应程度，本小节进一步分析了各气候因子与极端降水指数分别滞后 0～12 个月之间的相关系数，见图 5-22～图 5-25。其中，横向为 3 月～次年 2 月的极端降水指数，纵向为滞后 0～12 个月的气候因子，横向和纵向相交处为相关系数，空白的表示没有通过 95%的显著性水平检验，深色圆点表示通过了 95%的显著性水平检验。

从图 5-22 可以看出，3 月、6 月、10 月、11 月的 CDD 对 EMI 的响应敏感，而且滞后的月份越多，除 10 月外 EMI 与 CDD 间的正相关越显著。7～11 月、次年 2 月的 CDD 对 IOD 的响应敏感；9 月之前，滞后 6～10 个月时负相关显著，而 9 月、10 月则是滞后期越长，从正相关关系转为负相关关系越显著。CDD 对 NAO 的响应没有明显集中的月份，而是比较分散，也无特定规律可循。对 PDO

而言，6～11 月的 CDD 对 PDO 的响应敏感。

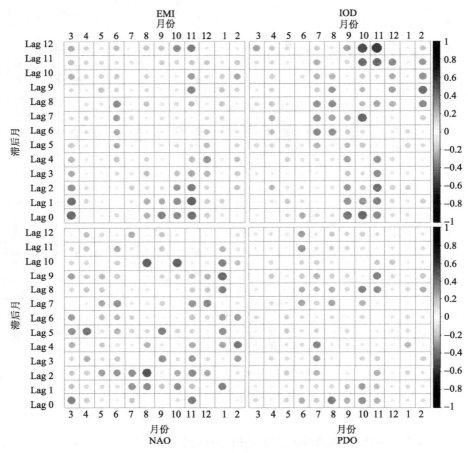

图 5-22 CDD 与气候指标的相关敏感性

Lag 表示滞后；下同

从图 5-23 可以看出，5 月、11 月～次年 2 月的 SDII 对 EMI 的响应敏感，尤其是 11 月～次年 2 月 SDII 与 EMI 的响应敏感度更强烈，11 月、12 月随着滞后的月份越多，SDII 与 EMI 之间的正相关关系逐渐转为负相关关系；次年 1 月～次年 12 月则相反，随着滞后期越长，SDII 与 EMI 间的负相关关系逐渐转为正相关关系。3 月、7 月～次年 2 月的 SDII 对 IOD 的响应敏感，尤其是 12 月～次年 2 月，滞后期越长，SDII 与 EMI 间的正相关关系越显著。与其他气候因子相比，SDII 对 NAO 的响应月份并不集中，只是 11 月～次年 1 月的响应敏感度更强烈。10 月～次年 2 月的 SDII 对 PDO 的响应敏感，而且无论滞后期是长是短，两者均是正相关关系且关系显著。与 CDD 相比，SDII 对各气候因子的响应的敏感度更强烈，相关关系也更显著。

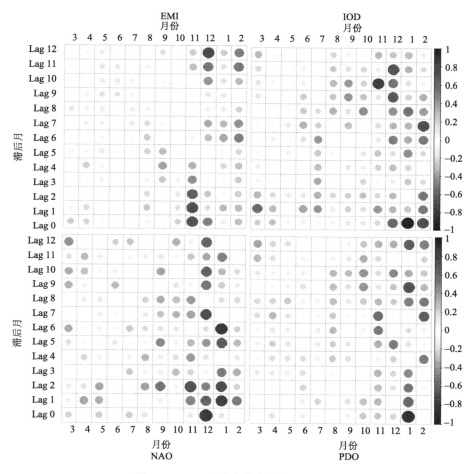

图 5-23　SDII 与气候指标的相关敏感性

从图 5-24 可以看出，3 月、8 月、9 月、11 月～次年 1 月 Rx1day 对 EMI 的响应比较敏感，但是这种相关敏感度没有 SDII 的强烈，且随着滞后的月份越长，EMI 与 Rx1day 间的正相关关系逐渐转为负相关关系。7 月、10 月、11 月 Rx1day 对 IOD 的响应敏感。与 CDD 和 SDII 相似，Rx1day 对 NAO 的响应没有明显集中的月份，而是比较分散，也无特定规律可循。4 月、10 月 Rx1day 对 PDO 的响应敏感，而且滞后期越长，正响应越敏感。

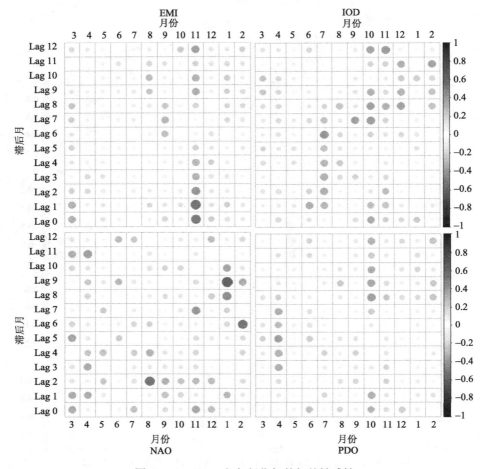

图 5-24　Rx1day 与气候指标的相关敏感性

从图 5-25 可以看出，9 月～次年 1 月 Prcptot 对 EMI 的响应比较敏感，但是这种相关敏感度较弱。3 月、4 月、7 月、8 月、10 月、11 月 Prcptot 对 IOD 的响应敏感，其中 4 月、7 月、8 月滞后期越长正响应越敏感。与 CDD、SDII 和 Rx1day 相似，Prcptot 对 NAO 的响应没有明显集中的月份，而是比较分散，也无特定规律可循。4 月、6 月、7 月、10 月、11 月 Prcptot 对 PDO 的响应敏感，而且滞后期越长，正响应越敏感。

综上所述，虽然众多气候因子中 NAO 与各极端降水指数间的相关程度最高，但是敏感性却不集中。秋季的极端降水指数对各气候因子的响应更敏感一些，其中 SDII 与气候因子的相关敏感度更强。

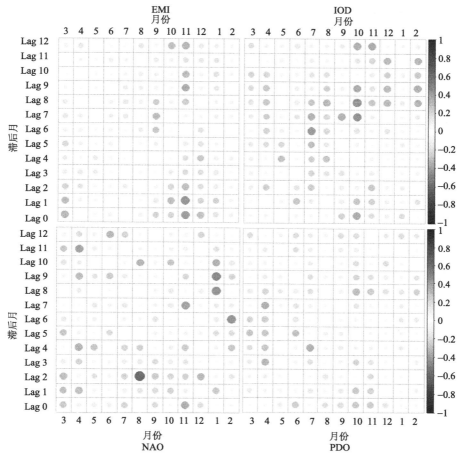

图 5-25　Prcptot 与气候指标的相关敏感性

5.4　基于多气候因子的降水预测研究

在气候变暖的背景下，气候模型模拟结果显示，水文循环有加速的趋势[28]，可能导致中国 21 世纪极端降水过程发生改变[29,30]。极端降水以及伴随的洪水事件常常造成巨大的社会和经济影响，从而成为各个国家和地区研究的热点。近几十年来，中国极端降水事件呈现增加的趋势[31]，并对农业生产造成巨大的损失[32]。因此众多学者开展了对中国各地区极端降水的研究[33-35]。张强等[33]研究发现新疆的北部发生极端强降水的概率比南部要大；佘敦先等[34]发现淮河流域年最大日降水事件发生时间多集中于 20 世纪六七十年代；任正果等[35]指出中国南方各极端降水指数的多年平均值均表现出明显的空间分布规律，越靠近西北方向越干旱，而越靠近东南方向越湿润。

以往多通过极端降水事件在时间上的趋势特征来进行极端降水预测，而极端降水发生过程在时间上是否具有集聚性或者是否遵循恒定的发生率则有待深入研究。基于超过阈值的极端降水事件（POT 抽样）相比年极端降水指标能够提供更多、更丰富的极端降水过程信息[36]。一般假设极端降水发生次数及时间是随机的，不依赖于任何协变量，符合泊松分布，且具有恒定的发生率[37]。但是有研究表明，降水极值过程有显著链式效应与集聚效应[38]，且水文气象事件具有天然的集聚特征，用恒定发生率的随机泊松过程描述极端降水发生次数和时间未必合适[39]。极端降水发生率具有时间变化性，可以据此来预测极端降水发生的风险概率，这将会对社会、经济和生态产生重要的影响[40]。

5.4.1　年极端降水发生风险预测

通过 Cox 回归模型［式(5-1)～式(5-8)］检查年内尺度极端降水发生时间过程与气候因子之间的关系。从图 5-26 可以看出，流域北部和东北部区域的气候因子通过 Cox 回归模型的拟合效果最好，卡方检验 P 值大于 0.5，尤其是东北部靠近沿海的站点拟合效果最好。阈值从 85th 到 99th 分位数，卡方检验 P 值逐步增加，高卡方检验 P 值区域不断扩展，到阈值为 99th 分位数时，全流域除去沂沭泗水系个别站点外，其他地区 P 值大多在 0.5 以上，显示出气候因子对年内极端降水发生时间良好的拟合效果。SOI 对流域淮河水系极端降水有较大影响，阈值为 85th 分位数时，有 18 个站点选择 SOI 为最显著的气候因子。与 SOI 类似，NAO 对流域淮河水系以南区域的极端降水过程有较大影响，阈值为 85th 分位数时，有 17 个站点选择 NAO 为最显著的气候因子；随着阈值的增加，NAO 对流域东北部极端降水过程的影响越来越广泛。IOD 的影响范围不像 SOI、NAO 那样集中，阈值为 85th 分位数时，徐州、砀山一带选择 IOD 为最显著的气候因子。PDO 对年内极端降水过程的影响范围最广泛，阈值为 85th 分位数时，几乎整个流域均选择 PDO 为最显著的气候因子。总体而言，年代际涛动 SOI、NAO 和 IOD 对年内尺度极端降水过程的影响基本一致，而十年际涛动 PDO 的影响则明显更广泛（图 5-26）。随着阈值的增大，气候因子对年内极端降水过程的影响逐步减弱，且影响站点的位置呈现越来越分散的特征，难以形成规律的区域聚集特征。以 PDO 为例，阈值从 85th 增大到 99th 分位数，通过 Cox 回归模型选择 PDO 为最佳拟合气候因子的站点数逐步较少。综上，PDO 是影响整个流域极端降水风险的指标，这与 Wei 和 Zhang[41]的研究结果一致。

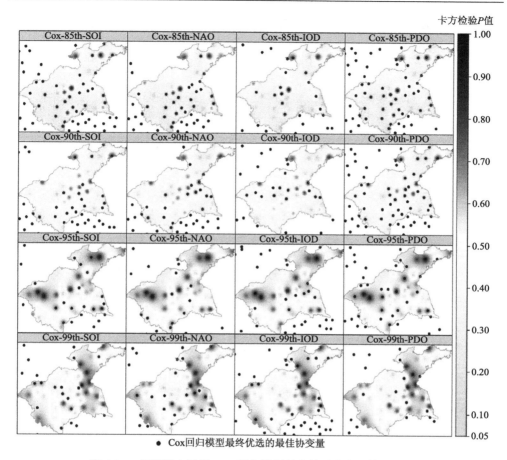

● Cox回归模型最终优选的最佳协变量

图 5-26 极端降水过程 Cox 回归模型拟合效果的卡方检验 P 值
及优选最佳的协变量分布

　　运用 Cox 回归模型建立极端降水发生时间与最佳气候因子单因子间的拟合关系，并计算出模型拟合系数（Beta）和风险率（HR）（图 5-27）。从图 5-27 可以看出，流域西北部、东北部以及淮河水系中下游区域的 Beta 值大于 0，表明年内尺度极端降水发生率随着气候因子值的增加而增大，气候因子值处于高位时，极端降水发生的概率也大，大部分地区单位气候因子值的增加，将引起极端降水发生率增加到原来的 1～1.65 倍；流域沂沭泗水系中部区域的 Beta 小于 0，年内尺度降水发生率随着气候因子值的增加而减小，气候因子值处于高位时，极端降水发生的概率也小，大部分地区单位气候因子值的增加，将引起极端降水发生率降低到原来的 0.6～1 倍，赣榆、射阳一带甚至减小到原来的 0～0.6 倍。随着阈值的增加，Beta 系数大于 0 的区域趋向于增加，而小于 0 的区域趋向于减少，意味着气候因子位于暖位相且越大时，越容易引发更广范围内的最极端降水事件，可能造成大范围、高量级的洪涝灾害。

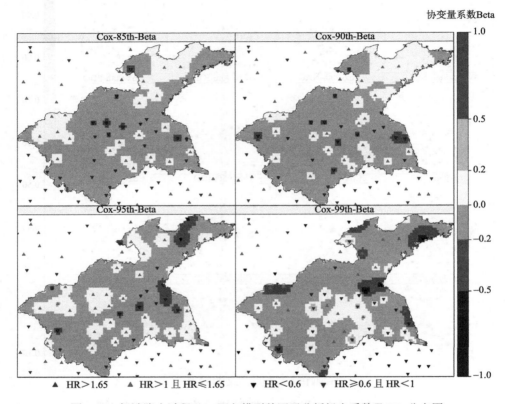

图 5-27 极端降水过程 Cox 回归模型单因子分析拟合系数及 HR 分布图

5.4.2 单站点极端降水发生概率

通过 Cox 回归模型建立最佳气候因子的最终模型，能够对站点极端降水发生时间进行对应每一个气候因子值的超过概率预测（图 5-28 和图 5-29）。绘制每个气象站点最佳拟合气候因子值在[−2.5，2.5]区间内对应的极端降水发生时间超过概率（图 5-28），以此分析气候因子对极端降水发生时间的具体影响，从而为未来极端降水风险管理提供参考依据。其中，图 5-28 选取了模型拟合系数（Beta）大于 0 的 8 个典型站点，包括龙口、平度、沂源、邳州、郑州、驻马店、固始、盱眙；图 5-29 选取了模型拟合系数（Beta）小于 0 的 8 个典型站点，包括章丘、宝丰、霍山、东台、西华、宿州、沭阳、射阳。

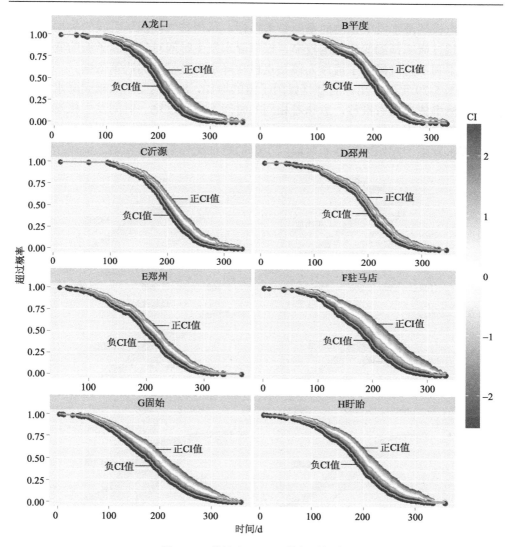

图 5-28　单站点 Beta>0 的超过概率

CI 指最佳拟合气候因子值；三条灰色实线从左到右依次为 5%、50% 和 95% 分位数线

　　从图 5-28 可以看出，随着气候因子值的增加，8 个典型站点极端降水发生时间超过概率依次向左推移，意味着相同的时间下，超过这一时间发生极端降水的概率随着气候因子值的增加而减小；同一超过概率下，龙口站、沂源站极端降水发生的起始时间随着气候因子值的增加而延后。龙口站、驻马店站气候因子值引发的极端降水发生时间超过概率的变化幅度较大，说明这两个站点对气候因子值的变化较为敏感，能够积极地响应气候因子的改变，有利于将气候因子值作为这

两个站点极端降水发生预测的重要参考指标。邳州站气候因子引发的极端降水发生时间超过概率预测变化范围较窄，极端降水发生时间对气候因子值的变化响应较差，不利于将气候因子值作为该站点极端降水风险管理的决策依据。

从图 5-29 可以看出，随着气候因子值的增加，8 个典型站点极端降水发生时间超过概率依次向右推移，意味着相同的时间下，超过这一时间发生极端降水的概率随着气候因子值的增加而增加；同一超过概率下，章丘站、西华站、沭阳站极端降水发生的起始时间随着气候因子值的增加而延后。章丘站、宿州站、射阳

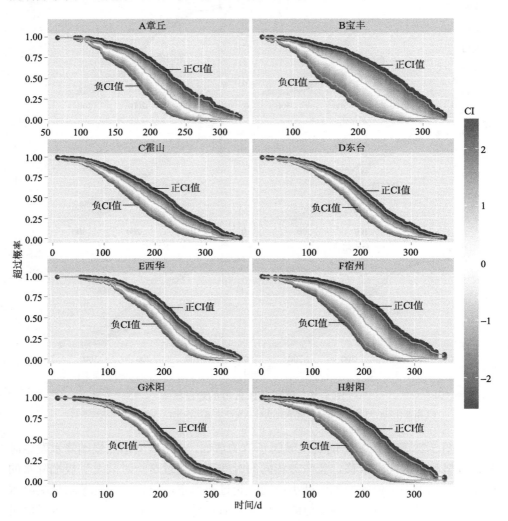

图 5-29　单站点 Beta<0 的超过概率

三条灰色实线从左到右依次为 5%、50% 和 95% 分位数线

站和宝丰站气候因子引发的极端降水发生时间超过概率的变化幅度较大,说明这两个站点对气候因子值的变化较为敏感,能够积极地响应气候因子的改变,有利于将气候因子值作为这两个站点极端降水发生预测的重要参考指标。东台站、沭阳站气候因子引发的极端降水发生时间超过概率预测变化范围较窄,极端降水发生时间对气候因子值的变化响应较差,不利于将气候因子值作为这两个站点极端降水风险管理的决策依据。

5.5　多气候因子对淮河流域季节降水联合影响的可能原因分析

某一地区的降水量在一定程度上取决于可利用的水量,因此,通常大气环流中的水汽在决定降雨模式中扮演着重要的角色。不同 ENSO 事件导致的大气环流和水汽输送的异常变化较为复杂,下面就淮河流域降水较多且易发生洪涝灾害的春季和夏季降水为例,分析并对比其在传统型 ENSO 事件和 ENSO Modoki+A 事件的冷暖期的水汽输送情况(图 5-30 和图 5-31),以期从水汽来源的角度分析不同 ENSO 事件对淮河流域季节降水影响的可能原因。

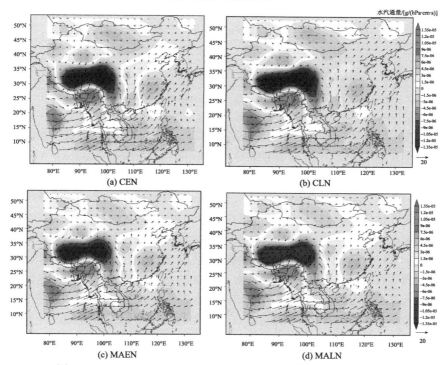

图 5-30　CEN/CLN/MAEN/MALN 年多年平均夏季水汽输送情况

矢量图表示水汽通量,单位为 g/(hPa·cm·s),等值线填充图表示水汽辐散情况,单位为 g/(hPa·cm²·s),其中深色为水汽辐合区,浅色为水汽辐散区,下同

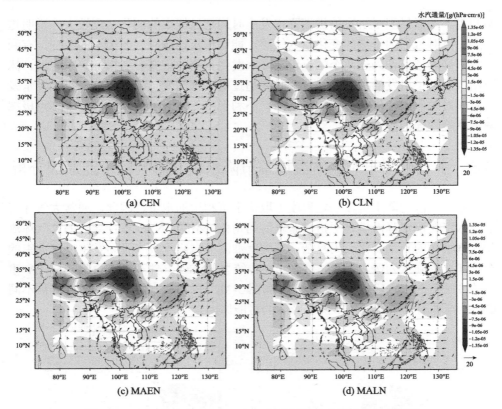

图 5-31　CEN/CLN/MAEN/MALN 年多年平均春季水汽输送情况

图 5-30 表示淮河流域 CEN/CLN/MAEN/MALN 年多年平均夏季水汽输送情况。从图中可以看出，在传统型 ENSO 年冷暖期以及 ENSO Modoki+A 年冷暖期水汽输送情况具有一定的差异。夏季，来自印度洋的西南季风与西太平洋的东南季风交汇后折合向北形成偏南季风，受地转偏向力影响，到达江淮流域形成西南气流，为该区带来充沛的水汽，在传统型 ENSO 年冷暖期夏季（6～8 月）水汽输送较 ENSO Modoki+A 年冷暖期的水汽输送更为活跃。从图 5-30 可以看出，相较于 MAEN 年，CEN 年来自印度洋的西南季风更强，给江淮流域带来的水汽更充足。夏季印度洋孟加拉湾与西太平洋的南海是该区的两个主要水汽来源，这两部分水汽在淮河水系南部形成比较明显的水汽辐合区域，易形成降水，这与 4.5.2 节的研究结论一致。传统型 ENSO 年的暖期与冷期相比较，可以发现暖期比冷期的水汽来源更充足，带来的降水更多，这也与 4.5.2 节的研究结论一致。

图 5-31 表示淮河流域 CEN/CLN/MAEN/MALN 年多年平均春季水汽输送情况。从图中可以看出，与图 5-30 相比，春季江淮流域水汽辐合区明显南移，且来自印度洋的西南季风的势力明显减弱，带来的水汽较夏季明显减少，来自西太平

洋的水汽却较夏季有所增加,补充了一定的水汽通量。与夏季类似,相较于 ENSO Modoki+A 年冷暖期,在传统型 ENSO 年冷暖期春季水汽输送更为活跃。传统型 ENSO 年的暖期与 ENSO Modoki+A 年的暖期相比,来自西太平洋的水汽较多,带来的降水也多,这也与 4.5.2 节的研究结论一致。

ENSO、PDO、IOD、NAO 等大尺度气候因子对区域气候变化的影响因素有很多,例如地形、高山融雪、大气环流等,这些因素对 ENSO、PDO、IOD、NAO 等气候因子的影响机理比较复杂,本节仅从水汽的角度进行了分析,后续将进一步深入探讨其他因素的影响机理。

5.6 淮河流域极端降水区域频率特征及其环流背景

5.6.1 研究方法

1. 平稳性与自相关性检验

时间序列的平稳性定义为时间序列的基本统计量(均值、方差等)随时间变化的稳定程度。自相关性检验用于研究时间序列的滞后性影响。随着时滞的增加,如果自相关系数迅速收敛至接近 0,则表明该序列为平稳序列;随着时滞的增加,如果自相关系数不迅速收敛至接近 0,则表明该序列为非平稳序列。

2. k-均值聚类分析

基于 k-均值聚类分析方法进行区域划分,将 n 个对象分成 k 组,设每组数据有一个中心点,通过不断迭代使每一组内的相对误差达到最小。

3. 线性矩法

线性矩法自 Hosking 提出以来已得到广泛的应用[42]。线性矩法在分布线性判别、参数估计、区域频率分析等方面具有理论优势,尤其对资料缺乏的地区具有较高的可靠性。

4. Gringorten 经验频率公式

对实测值序列估计采用 Gringorten 经验频率公式:

$$P(i) = \frac{i - 0.44}{n + 0.12} \tag{5-9}$$

式中,$P(i)$ 为实测序列按从小到大排序第 i 个事件发生的经验频率;n 为实测序列的长度。

5. 集中度（PCD）与集中期（PCP）

降水集中度（precipitation concentration degree，PCD）与集中期（precipitation concentration period，PCP）定义为

$$\text{PCD}_i = \frac{\sqrt{R_{xi}^2 + R_{yi}^2}}{R_i}, \quad \text{PCP}_i = \arctan\left(\frac{R_{xi}}{R_{yi}}\right) \tag{5-10}$$

$$R_{xi} = \sum_{j=1}^{N} r_{ij} \times \sin\theta_j, \quad R_{yi} = \sum_{j=1}^{N} r_{ij} \times \cos\theta_j \tag{5-11}$$

式中，PCD_i 为第 i 年降水的集中度；PCP_i 为第 i 年降水的集中期；以一年 365 天计，则 $\theta_j = 360° \times j/365$；$r_{ij}$ 为第 i 年第 j 天的降水量。PCD 的取值范围为 0～1，取值越接近 1，表明降水量越集中在某一候内，反之则表明降水量比较平均；PCP 表示向量合成后重心指示的角度，反映了一年中最大候降水量出现的时段；R_i 为某站点某年的总降水量。

5.6.2　淮河流域子区域划分

区域频率分析建立在数据平稳的假设基础上。淮河流域各站点年最大 1 日、3 日、5 日和 7 日降水量的自相关性检验表明淮河流域年最大 1 日、3 日、5 日和 7 日降水序列对于绝大部分时滞均通过自相关性检验。此外，为提高区域频率分析的可靠性，本书排除了序列长度不超过 20 年的 5 个站点。考虑各站点地理与气候两方面的要素，以站点的经度、纬度与降水量 3 个指标的标准化数据进行聚类分析[8]。淮河流域共划分为 4 个分区（图 5-32），对初始分区结果进行区域一致性检

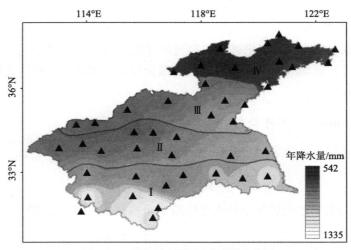

图 5-32　淮河流域降水区域划分结果

验，若部分站点未通过一致性检验，根据 Hosking 提出的处理方案，将该部分站点划分为其他分区，或排除个别站点，重新进行区域一致性检验，重复上述步骤直到所有站点均通过一致性检验为止。以该分区方案对淮河流域 4 个分区分别进行区域频率分析。

5.6.3 淮河流域子区域的频率特征分析

基于线性矩法进行区域频率的计算主要可分为以下几步：①一致性检验；②水文相似区检验；③分布函数选择；④估计结果及其检验。

1. 一致性检验

站点 DI（非一致性检验统计量）大于标准判断值（DI 的标准判断值与站点数有关，站点越多，标准判定值越大）时，判断该站点为非一致站点。本书主要基于年最大 7 日降水量进行区域极端降水频率计算，并对淮河流域的极端降水进行分析。

2. 水文相似区检验

水文相似区通过检验系数 H 判断：$H<1$ 时，为水文相似区；$1 \leqslant H<2$ 时，可能为相似区；$2 \geqslant H$ 时，一般为非相似区。研究结果表明，各分区的 H1（表示 H_I）均通过相似性检验，为水文相似区；部分分区 H2（表示 H_{II}）、H3（表示 H_{III}）略大于 1。基于 Lu 等的研究，H1 在判断水文相似区上较 H2 与 H3 具有更大的优越性，因此，本书中的 4 个分区均可看作水文相似区。

3. 分布函数选择

根据拟合结果，5 个分布模型［即广义极值分布（GEV）、广义 logistic 分布（GLO）、广义正态分布（GNO）、皮尔逊III型分布（PE3）、广义帕累托分布（GPA）］中，不是所有分布模型都能对淮河流域极端降水有较好的拟合，4 个分区的最适分布不完全相同，而其中 GEV、GNO 能满足淮河流域大部分地区的拟合要求。图 5-33 为 4 个分区及其相应站点的线性矩系数关系图。对于年最大 7 日降水量的区域函数选择，分区 I、II、III、IV 的最适分布分别为 GEV、PE3、GEV、PE3。可以看出，不同分布模型具有不同的模拟结果，4 个分区的三阶线性矩（即图 5-33 中的偏度系数）与四阶线性矩（即图 5-33 中的峰度系数）之间的关系也与其对应的最适分布一致。以上述分布作为相应分区的最适分布函数，对各分区分别进行区域频率估计。不同分区的最适分布函数不尽相同，反映了淮河流域南北部地区气候差异较大，且其极端降水的发生机理与驱动因素可能有所差异。对淮河流域进行气候相似区划分，并采用不同分布模型进行模拟，可提高极端降水估计的可靠性。

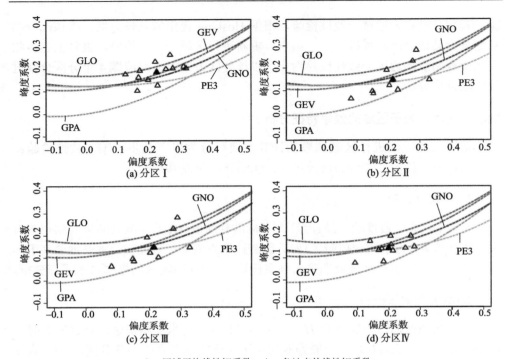

▲：区域平均线性矩系数，△：各站点的线性矩系数

图 5-33　淮河流域 4 个分区及相应站点的线性矩系数

4. 估计结果及其检验

分别以 GEV、PE3、GEV 和 PE3 作为分区 Ⅰ、Ⅱ、Ⅲ和Ⅳ的最适分布函数，估计淮河流域各个分区在不同重现期下的区域极端降水。表 5-2 为不同重现期下相应重现期的频率。从表 5-2 可以看出，F 为 0.99（即重现期为百年一遇）的各分区估计值的均方相对误差标准差较小，区域Ⅱ误差最大，为 9.88%，4 个分区误差均在 10%以内，而 F 为 0.999（即重现期为千年一遇）的估计值的均方相对误差标准差较大，分区Ⅱ的标准差为 26.36%。

图 5-34 为不同重现期下各分区的最适分布的分位数函数及其相应的 90%置信度的误差界，其中对横坐标进行对数处理以更直观地表现不同重现期下的百分位函数。从图 5-34 可以看出，百年一遇重现期下，误差界的范围较小，极端降水的估计具有较高的精度。利用 Gringorten 经验频率公式［式(5-9)］对 4 个分区各个站点极端降水的估计情况进行分析，计算各站点实测值的经验频率，使用线性矩法估计相应重现期下各站点的极端降水，得出相应频率下各站点的极端降水估计值与实测值的相对误差，并进行线性回归分析。

表 5-2　不同重现期下各分区基于线性矩法模拟结果的均方相对误差　　（单位：%）

F	0.5	0.8	0.9	0.98	0.99	0.995	0.998	0.999
I	0.99	0.74	1.87	5.39	7.05	8.75	11.08	12.87
II	0.95	0.85	1.62	6.58	9.88	13.91	20.44	26.36
III	0.96	0.74	1.88	5.37	7.01	8.71	11.01	12.78
IV	0.99	0.74	1.87	5.39	7.05	8.75	11.08	12.87

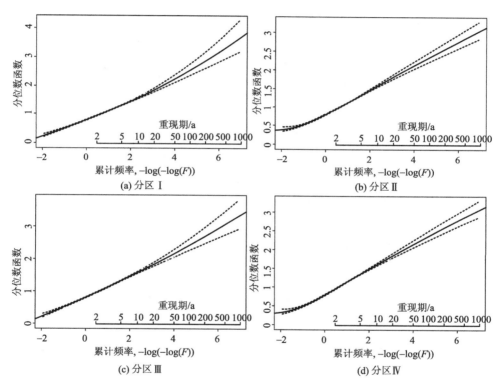

图 5-34　不同重现期淮河流域分区 I、II、III 及 IV 的最适分布的分位数函数及
90%置信度的误差界
其中 F 表示重现期累计频率

5.6.4　淮河流域子区域的极端降水的空间分布

图 5-35 为淮河流域百年一遇年最大 1 日、3 日、5 日和 7 日降水的模拟值空间分布。可以看出：①淮河流域极端降水呈现明显的空间分异规律，流域南部地区极端降水较大（分区 I 和 II），而流域北部，尤其是东北部地区（分区 IV），极端

降水量较小；②流域南部地区年最大1日与7日降水量差异较大，而流域北部地区年最大1日与7日降水量差异较小。由图5-32可知，流域南部地区年降水量较大，而流域北部年降水量较小，说明年降水量较小的地区相应的极端降水量也较小，且其极端降水在时间上也更为集中，而降水量较大的地区相应的极端降水量也较大，且其极端降水持续时间也更长。

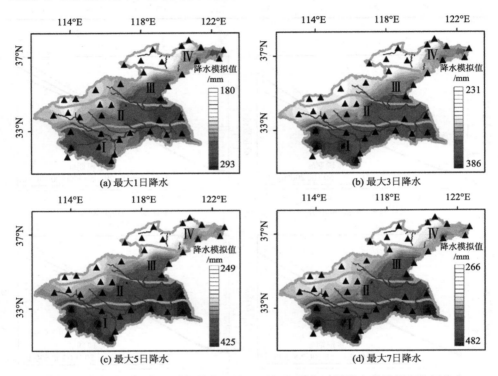

图 5-35　淮河流域百年一遇年最大1日、3日、5日和7日降水的模拟值空间分布

5.6.5　淮河流域子区域的降水集中度与集中期

首先利用式(5-10)和式(5-11)计算淮河流域降水集中度与集中期。图5-36为淮河流域各站点的降水集中度与集中期的空间分布及其变化趋势。可以看出，淮河流域降水的集中度与集中期同样表现出明显的空间分异规律。流域南部降水的集中度较小(分区Ⅰ、Ⅱ)，而流域北部降水集中度较大(分区Ⅲ、Ⅳ)。流域南部降水集中期较早，最早的地区为120d左右(5月上旬)，而流域北部降水集中期较晚，最晚的地区为212d左右(7月下旬)。从各站点降水集中期的变化趋势可以看出[图5-36(d)]，流域南部降水集中期时间上呈现后移的趋势，但后移趋势不显著，而流域北部降水集中期时间上呈现前移的趋势，且部分站点通过95%的显著

性检验，说明流域北部雨季可能出现提前的趋势。

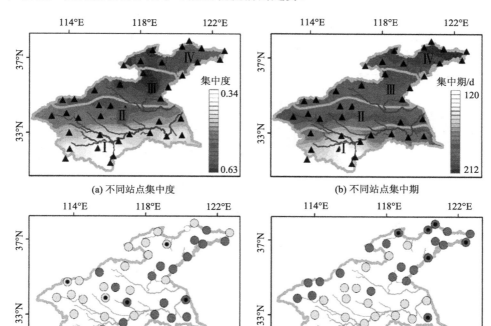

(a) 不同站点集中度

(b) 不同站点集中期

(c) 集中度变化趋势

(d) 集中期变化趋势

图 5-36　淮河流域不同站点集中度、集中期的空间分布及集中度、集中期的变化趋势

黑色圆圈表示减小趋势；灰色圆圈表示增大趋势；带黑实心点的圆圈表示变化显著

5.6.6　淮河流域夏季降水变化的大气环流背景

　　基于上述分析，淮河流域降水主要集中在夏季前后(5~8 月)。本小节将分析影响淮河流域夏季大范围的大气模式与环流特征，淮河流域 5~8 月水汽输送特征如图 5-37 所示。可以看出，淮河流域南部附近及江淮地区(25°N~35°N)自夏初开始形成水汽辐合中心，并在 5~7 月维持稳定，持续影响淮河流域南部的夏季降水，与江淮准静止锋发生时期一致。从以上分析可知，5 月、6 月为淮河流域南部地区(分区Ⅰ、Ⅱ)的降水集中期。6 月、7 月淮河流域大部分地区为水汽辐合区，来自印度洋的西南季风与来自西太平洋的东南季风在南海附近交汇后折合向北形成偏南季风，受地转偏向力影响，到达江淮流域形成西南气流，为该区带来充沛的水汽，因此南海是该区主要的水汽来源，尤其是 7 月，西南季风的水汽通量达到最大，该时期为淮河流域大部分地区降水最集中的时期，同时也是淮河流域极

端降水最集中的时期。

　　对淮河流域异常降水年份大气环流特征的相关研究表明，淮河流域的洪涝年梅雨锋位置维持在 33°N 附近，而淮河流域降水偏多的年份最大西风中心也在 30°N～33°N 附近。这与本书研究结果一致，表明淮河流域南部夏季降水的主要驱动因素为江淮准静止锋。

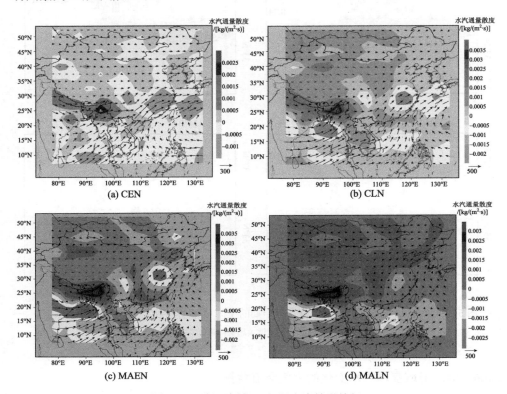

图 5-37　淮河流域 5～8 月水汽输送特征

矢量图表示水汽通量，单位为 kg/(m·s)；等值线图表示水汽通量散度，单位为 kg/(m²·s)；其中浅色为水汽辐合区，深色为水汽辐散区

5.7　本　章　小　结

　　本章分析了气候因子（ENSO、NAO、IOD 和 PDO）对季节降水、年降水及农业干旱的影响及其影响强度的时间稳定性，评价了不同位相单独和联合影响的空间变化规律，并运用 Cox 模型对极端降水发生风险进行了预测，从而为淮河流域利用大尺度气候因子进行降水长期预测提供了科学依据。研究结果如下：

(1) PDO、IOD、NAO、ENSO 均与淮河流域季节降水密切相关，其中 PDO 与夏季、秋季、冬季以及全年的降水都有显著的相关关系。前一年和同一年负的 PDO 引起流域北部冬季和夏季降水的增加；前一年正的 IOD 和负的 IOD 分别引起流域北部山东沿海诸河和淮河水系夏季降水的减少、流域东南部秋季降水的增加；同一年正的 NAO 引起流域中部秋季降水的减少、流域北部冬季降水的增加；同一年负的 ENSO 分别引起流域西北部和南部春季降水的增加和减少。因此，在季节降水预测方面，春季应重点关注 ENSO 的变化，夏季重点关注 PDO 和 IOD 的变化，秋季应重点关注 IOD 和 NAO 的变化，冬季应重点关注 PDO 的变化；在流域内，对于淮河水系，应重点关注 ENSO 的变化，对于流域北部山东沿海诸河及中部的沂沭泗水系，应重点关注 ENSO、PDO、NAO 的联合影响。

(2) 各季节降水距平序列的 REOF 时间系数与气候因子在不同滞后时间尺度有很强的相关性，这有利于基于气候因子对季节降水进行预测。对年降水距平序列而言，其 REOF 时间系数与季节降水具有相似特征，但是其相关强度和强度增加程度总体上不如冬季、夏季降水序列，这意味着基于气候因子的季节降水预测的精确度可能更高一些。就气候因子而言，相较于 ENSO 和 NAO，PDO 和 IOD 对季节降水的 REOF 时间系数不同时间尺度的影响更具平稳性，其中 IOD 对夏季、秋季的降水距平 REOF 时间系数整体上均有较强的平稳性且有趋于增强的相关强度。因此，在选择气候因子作为季节降水预测的指示标识时，PDO 和 IOD 可能是较好的选择。

(3) ENSO、NAO、IOD、PDO 四个气候因子的不同冷暖位相(时期)均对流域季节降水产生影响。对春季降水而言，四个气候因子的冷位相(时期)使流域降水增加或减少的趋势并不显著。ENSO 冷位相下的秋季降水量相较于暖位相下的秋季降水量表现出显著增加的趋势，NAO 和 PDO 的冷位相(时期)使流域北部降水量比暖位相(时期)有明显的增加趋势。IOD 的冷位相使流域的冬季降水量显著增加，而 ENSO 和 NAO 的冷位相下的流域北部冬季降水量相较于暖位相下的冬季降水量明显减少。

(4) PDO 分别联合 ENSO、NAO 和 IOD 对各季节降水的影响不仅改变了各个气候因子单独对季节降水影响的正负方向，还改变了季节降水的空间分布。气候因子的联合对夏季和秋季降水的影响较春季和冬季显著。对夏季降水而言，NAO 暖位相、IOD 冷位相和暖位相分别与 PDO 联合对流域北部山东沿海诸河的降水影响显著；对秋季降水而言，ENSO 冷位相、NAO 冷位相和暖位相、IOD 暖位相分别与 PDO 联合对流域北部山东沿海诸河的降水影响显著；对冬季降水而言，仅 IOD 冷位相与 PDO 联合对流域北部的降水影响显著；对春季降水而言，仅 IOD 暖位相与 PDO 联合对流域中部和北部的降水影响显著。从空间分布来看，气候因子的联合影响对流域北部山东沿海诸河和西部淮河水系上游的降水影响较大。

(5)年代际涛动 SOI、NAO 和 IOD 对年内尺度极端降水过程的影响基本一致，而十年际涛动 PDO 对其产生的影响则明显更广泛。流域西北部、东北部以及淮河水系中下游区域的极端降水发生率在年内尺度上随着气候因子值的增加而上升，气候因子值处于高位时，极端降水发生的概率也大，大部分地区单位气候因子值的增加，将引起极端降水发生率增加到原来的 1～1.65 倍；流域沂沭泗水系中部区域的极端降水发生率在年内尺度上随着气候因子值的增加而减小，气候因子值处于高位时，极端降水发生的概率也小，大部分地区单位气候因子值的增加，将引起极端降水发生率降低到原来的 0.6～1 倍，赣榆、射阳一带甚至减小到原来的 0～0.6 倍。

(6)在传统型 ENSO 年的冷暖期，夏季(6～8 月)水汽输送较 ENSO Modoki+A 年冷暖期更加活跃，相较于 MAEN 年，CEN 年来自印度洋的西南季风较强，给江淮流域带来的水汽更充足。春季，传统型 ENSO 年的暖期与 ENSO Modoki+A 年的暖期相比，来自西太平洋的水汽较多，带来的降水也更多。

参 考 文 献

[1] Kripalani R H, Kulkarni A. Monsoon rainfall variations and teleconnections over South and East Asia[J]. International Journal of Climatology, 2001, 21(5): 603-616.

[2] Xiao M Z, Zhang Q, Singh V P. Influences of ENSO, NAO, IOD and PDO on seasonal precipitation regimes in the Yangtze River basin, China[J]. International Journal of Climatology, 2015, 35(12): 3556-3567.

[3] 许武成, 马劲松, 王文. 关于 ENSO 事件及其对中国气候影响研究的综述[J]. 气象科学, 2005, 25(2): 212-220.

[4] 伍光和, 田连恕, 胡双熙, 等. 自然地理学. 3 版[M]. 北京: 高等教育出版社, 2000: 130.

[5] Baldwin M P, Dunkerton T J. Stratospheric harbingers of anomalous weather regimes[J]. Science, 2001, 294(5542): 581-584.

[6] David A J, Blair C T. On the relationships between the El Niño-Southern Oscillation and Australian land surface temperature[J]. International Journal of Climatology, 2000, 20(7): 697-719.

[7] Wang B, Wu R G, Fu X H. Pacific-East Asian teleconnection: How does ENSO affect East Asian climate?[J]. Journal of Climate, 2000, 13(9): 1517-1536.

[8] Raut B A, Jakob C, Reeder M J. Rainfall changes over Southwestern Australia and their relationship to the southern annular mode and ENSO[J]. Journal of Climate, 2014, 27(15): 5801-5814.

[9] Yang F L, Lau K M. Trend and variability of China precipitation in spring and summer: Linkage to sea-surface temperatures[J]. International Journal of Climatology, 2004, 24(13): 1625-1644.

[10] Zhang Q, Xiao M Z, Singh V P, et al. Max-stable based evaluation of impacts of climate indices on extreme precipitation processes across the Poyang Lake basin, China[J]. Global and Planetary Change, 2014, 122: 271-281.

[11] Wang Y M, Li S L, Luo D H. Seasonal response of Asian monsoonal climate to the Atlantic Multidecadal Oscillation[J]. Journal of Geophysical Research: Atmospheres, 2009, 114(D2): D02112.

[12] Chakravorty S, Chowdary J S, Gnanaseelan C. Spring asymmetric mode in the tropical Indian Ocean: Role of El Niño and IOD[J]. Climate Dynamics, 2013, 40(5-6): 1467-1481.

[13] Liu N, Li S L. Predicting summer rainfall over the Yangtze-Huai region based on time-scale decomposition statistical downscaling[J]. Weather and Forecasting, 2014, 29(1): 162-176.

[14] 张百红. 多因素 Cox 回归分析构建肝癌分期系统[D]. 上海: 第二军医大学, 2005.

[15] Calvet X, Bruix J, Ginés P, et al. Prognostic factors of hepatocellular carcinoma in the west: A multivariate analysis in 206 patients[J]. Hepatology, 1990, 12(4): 753-760.

[16] 钱俊. 生存分析中删失数据比例对 Cox 回归模型影响的研究[D]. 广州: 南方医科大学, 2009.

[17] Cox D R. Regression models and life-tables[J]. Journal of the Royal Statistical Society: Series B (Methodological), 1972, 34(2): 187-202.

[18] Cox D R. Partial likelihood[J]. Biometrika, 1975, 62(2): 269-276.

[19] Smith J A, Karr A F. Flood frequency analysis using the Cox regression model[J]. Water Resources Research, 1986, 22(6): 890-896.

[20] Villarini G, Smith J A, Vitolo R, et al. On the temporal clustering of US floods and its relationship to climate teleconnection patterns[J]. International Journal of Climatology, 2013, 33(3): 629-640.

[21] Anthony K R N, Connolly S R, Hoegh-Guldberg O. Bleaching, energetics, and coral mortality risk: Effects of temperature, light, and sediment regime[J]. Limnology and Oceanography, 2007, 52(2): 716-726.

[22] Angilletta M J J, Wilson R S, Niehaus A C, et al. Urban physiology: City ants possess high heat tolerance[J]. PLoS ONE, 2007, 2(2): e258.

[23] Maia A H N, Meinke H. Probabilistic methods for seasonal forecasting in a changing climate: Cox-type regression models[J]. Journal of Climatology, 2010, 30(15): 2277-2288.

[24] 张丽娟, 陈晓宏, 叶长青, 等. 考虑历史洪水的武江超定量洪水频率分析[J]. 水利学报, 2013, 44(3): 268-275.

[25] 杨茂森, 黎清华, 张淑珍. GIS 技术在山东胶东地区金矿预测中的应用[J]. 山东师范大学学报(自然科学版), 2005, 20(3): 52-55.

[26] 李建明. 基于证据权重法对中国地热的预测研究[D]. 长春: 吉林大学, 2012.

[27] 施能. 气象统计预报[M]. 北京: 气象出版社, 2009: 235.

[28] Allen M R, Ingram W J. Constraints on future changes in climate and the hydrologic cycle[J]. Nature, 2002, 419(6903): 228-232.

[29] Li J F, Zhang Q, Chen Y D, et al. Changing spatiotemporal patterns of precipitation extremes in China during 2071-2100 based on Earth System Models[J]. Journal of Geophysical Research: Atmospheres, 2013, 118（22）: 12537-12555.

[30] Li F, Zhang Q, Chen Y D, et al. GCMs-based spatiotemporal evolution of climate extremes during the 21st century in China[J]. Journal of Geophysical Research: Atmospheres, 2013, 118（19）: 11017-11035.

[31] Zhang Q, Li J, Singh V P, et al. Copula-based spatio-temporal patterns of precipitation extremes in China[J]. International Journal of Climatology, 2013, 33（5）: 1140-1152.

[32] Zhang Q, Sun P, Singh V P, et al. Spatial-temporal precipitation changes（1956-2000）and their implications for agriculture in China[J]. Global and Planetary Change, 2012, 82-83: 86-95.

[33] 张强, 李剑锋, 陈晓宏, 等. 基于 Copula 函数的新疆极端降水概率时空变化特征[J]. 地理学报, 2011, 66（1）: 3-12.

[34] 佘敦先, 夏军, 张永勇, 等. 近 50 年来淮河流域极端降水的时空变化及统计特征[J]. 地理学报, 2011, 66（9）: 1200-1210.

[35] 任正果, 张明军, 王圣杰, 等. 1961—2011 年中国南方地区极端降水事件变化[J]. 地理学报, 2014, 69（5）: 640-649.

[36] 顾西辉, 张强, 孙鹏, 等. 新疆塔河流域洪水量级、频率及峰现时间变化特征、成因及影响[J]. 地理学报, 2015, 70（9）: 1390-1401.

[37] Villarini G, Smith J A, Baeck M L, et al. On the frequency of heavy rainfall for the midwest of the United States[J]. Journal of Hydrology, 2011, 400（1-2）: 103-120.

[38] Zhang Q, Zhou Y, Singh V P, et al. Scaling and clustering effects of extreme precipitation distributions[J]. Journal of Hydrology, 2012, 454-455: 187-194.

[39] Mudelsee M, Börngen M, Tetzlaff G, et al. No upward trends in the occurrence of extreme floods in central Europe[J]. Nature, 2003, 425（6954）: 166-169.

[40] Mumby P J, Vitolo R, Stephenson D B. Temporal clustering of tropical cyclones and its ecosystem impacts[C]. Proceedings of the National Academy of Sciences of the United States of America, 2011, 108（43）: 17626-17630.

[41] Wei F Y, Zhang T. Oscillation characteristics of summer precipitation in the Huaihe River valley and relevant climate background[J]. Science China Earth Sciences, 2010, 53（2）: 301-316.

[42] Hosking J R M, Wallis J R. Regional Frequency Analysis: An Approach Based on L-Moments[M]. Cambridge: Cambridge University Press, 1997.